电力系统
继电保护 **49** 课

主编　王颖

中国水利水电出版社
www.waterpub.com.cn
·北京·

内 容 提 要

全书共分为七章，分别为绪论、电流保护、距离保护、纵联保护、自动重合闸、典型元件保护和微机保护。

本书按照以教学课时为单位进行设计，共计 49 课，以便各院校根据本专业教学大纲要求进行选择性教学。

本书可作为高等院校电气类专业"继电保护"课程的本科教材，也可作为相关专业研究生、继电保护工作者的参考书。

图书在版编目（CIP）数据

电力系统继电保护49课 / 王颖主编. -- 北京 ： 中国水利水电出版社，2025. 6. -- ISBN 978-7-5226-3259-9

Ⅰ．TM77

中国国家版本馆CIP数据核字第20256GB681号

书　　名	**电力系统继电保护 49 课** DIANLI XITONG JIDIAN BAOHU 49 KE
作　　者	主编　王颖
出版发行	中国水利水电出版社 （北京市海淀区玉渊潭南路 1 号 D 座　100038） 网址：www. waterpub. com. cn E - mail：sales@mwr. gov. cn 电话：（010）68545888（营销中心）
经　　售	北京科水图书销售有限公司 电话：（010）68545874、63202643 全国各地新华书店和相关出版物销售网点
排　　版	中国水利水电出版社微机排版中心
印　　刷	清淞永业（天津）印刷有限公司
规　　格	184mm×260mm　16 开本　10 印张　243 千字
版　　次	2025 年 6 月第 1 版　2025 年 6 月第 1 次印刷
印　　数	0001—1500 册
定　　价	**49.00 元**

前　言

　　这是一本帮助读者快速入门和进阶的立体书，也是浙江省高等学校精品在线开放课程"电力系统继电保护"的配套教材。同时，该课程在教育部中国大学MOOC平台上线运行，一切社会学习者皆可无门槛选修。

　　本书在编写过程中，既努力保持本科教学的基本内容、又尝试增加一些新思路、新角度。为了满足循序渐进、深入浅出、拓展学习及启发思考的需要，兼顾开放、共享的在线课程需求，具有以下特点：

　　（1）讲解避繁就简。避免了烦琐的公式推导与电路讲解，语言平实易懂，力图帮助读者建立清晰的主要知识点脉络，对基本的典型保护原理建立整体概念。

　　（2）配套资源丰富。本书配套有：二维码链接微课视频、可自主组建的线上习题库、测试题、电子课件等网络资源。

　　（3）注重工程素养。加入相应工程实例或仿真实例，切实培养学习者解决复杂工程问题的能力。章后讨论题体现学科交叉的"新工科"思路及辩证思维、国际视野、人文素养等思政元素。

　　（4）组织形式新颖。知识点之间有机串联，形成严谨的科学体系，更加适应"互联网＋"时代碎片化学习的需求。

　　（5）适用对象灵活。在章节安排上，以适应本科教学为主。但经适当取舍后，也适用于高职院校。除此，在一定程度上，可供研究生参考。

　　本书由中国计量大学王颖、王斌锐、郭倩、郑迪等老师共同编写。

　　本书得到了国家电网有限公司孙建锋、杭州电子科技大学吴晨曦、浙江水利水电学院张桂兰、浙江同济科技职业学院黄莉等工程师、老师们的指导。

　　承蒙王增平教授参与了初稿审核，感谢浙江大学文福拴教授对本书提出的宝贵意见和建议，谨此致谢！

　　由于编者水平所限，书中难免有不当或者疏漏之处，恳请读者批评指正！

习题与拓展

编者

2025 年 1 月

"行水云课" 数字教材使用说明

"行水云课"水利职业教育服务平台是中国水利水电出版社立足水电、整合行业优质资源全力打造的"内容"＋"平台"的一体化数字教学产品。平台包含高等教育、职业教育、职工教育、专题培训、行水讲堂五大版块，旨在提供一套与传统教学紧密衔接、可扩展、智能化的学习教育解决方案。

本套教材是整合传统纸质教材内容和富媒体数字资源的新型教材，将大量图片、音频、视频、3D 动画等教学素材与纸质教材内容相结合，用以辅助教学。读者登录"行水云课"平台，进入教材页面后输入激活码激活，即可获得该数字教材的使用权限。可通过扫描纸质教材二维码查看与纸质内容相对应的知识点多媒体资源，也可通过移动终端 APP"行水云课"微信公众号或"行水云课"网页版查看完整数字教材。

线上教学与配套数字资源获取途径如下：

• 手机端。关注"行水云课"公众号→搜索"图书名"→封底激活码激活→学习或下载。

• PC 端。登录"http：www.xingshuiyun.com"→搜索"图书名"→封底激活码激活→学习或下载。

数 字 资 源 索 引

常用符号说明

1. 设备、元件

G	发电机	KZ	阻抗元件
KA	电流继电器、电流元件	M	电动机
KD	电流差动元件	QF	断路器
KM	中间继电器	QS	隔离开关
KS	信号继电器	T	变压器
KT	时间继电器、时间元件	TA	电流互感器
KV	电压元件	TV	电压互感器

2. 符号及角标

2.1 符号

C	电容、分配系数	U	电压
E	系统等效电动势	X	电抗
I	电流	Z	阻抗
L	电感	φ	阻抗角
l	长度	δ	功角
K	可靠系数、灵敏度	$\arg(\dot{X})$	取 $\dot{X}$ 相量的角度
P	功率或方向元件	α	百分比
R	电阻	Φ	磁通

2.2 下角标

1、2	一次侧、二次侧
1、2、0	正序、负序、零序
A、B、C	三相（一次侧）
a、b、c	三相（二次侧）
b	分支
d	差动
er	误差
ex	励磁
g	接地
k	故障特征量

L	负荷
m	测量
max	最大
min	最小
N	额定
np	非周期分量
op	动作
os	振荡（中心）
re	返回
rel	可靠
s、S	系统（也用 R、W 等）
sen	灵敏度
set	整定
ss	自启动
st	同型
tr	暂态
unb	不平衡
μ	励磁
Σ	总和
(1)、(2)	基波、二次谐波

说明：①下标为数字时，也应用于代表保护、断路器的位置；②下标还包含设备和元件符号。

2.3 上角标

(1)	单相接地	$\mid 0^- \mid$	短路前
(1, 1)	两相接地	Y	变压器星形侧
(2)	两相相间短路	d	变压器三角形侧
(3)	三相短路	$'$	通常表示二次侧

Ⅰ、Ⅱ、Ⅲ一、二、三段保护

说明：上角标"$'$"还有其他的含义，参见具体的图、文注释。

目 录

引 言

第1课　初识"电力系统继电保护"

什么是电力系统继电保护？

这是一个非常专业的问题。其实，在日常生活中是经常接触到的。

首先了解两个概念，再来揭晓答案。两个概念即：电力系统一次设备和
电力系统二次设备。

什么是电力系统一次设备？

初识"电力
系统继电
保护"

如图0-1所示，图0-1（a）为传统的位于发电厂室内的同步发电机。图
0-1（b）为风力发电设备。图0-1（c）为太阳能光伏电池板。以上设备有个共同特点，
既是电能的产生装置，也是电源。图0-1（d）为输电线路和杆塔，负责电能的传输。图0
-1（e）为具有升压或者降压功能的变压器，负责电压水平的变换。图0-1（f）为在电力负
荷中占有很大比例的电动机，负责电能的使用。由电能的产生、传输、变换以及使用各个环
节就组成了一次电力系统。换言之，电能经过的设备就是电力系统一次设备。

（a）同步发电机

（b）风力发电设备

（c）太阳能光伏电池板

（d）输电线路和杆塔

（e）变压器

（f）电动机

图0-1　电力系统一次设备示意图

1

什么是电力系统的二次设备？

正如人类不可避免地会生病，生病时一般会求助于医生。电力系统一次设备在运行中会出现故障或不正常运行状态。为此，针对一次设备的运行状态进行监视、测量、控制与保护的设备是必不可少的，称之为电力系统的二次设备。目前，电力系统二次设备主要有两种，分别是电力系统的继电保护装置和电力系统自动化装置。

同为电力系统的二次设备，二者有何不同？正如西医和中医的区别，继电保护好比西医，而自动化装置类似于中医，如图0-2所示。分别来看，犹如西医对病人的病灶进行有针对性的治疗，继电保护装置诊断出一次系统中的故障，最终利用断路器像做手术一样，把故障设备剥离，以保证剩余系统的安全。它的特点是，动作速度快，具有非调节性。这里的调节指的是针对反映电能质量的电压、电流、功率等电气参数进行调节，以使其工作在正常的范围之内。相对的，电力系统自动化装置则类似于中医，中医强调"治未病"，就是着重系统的调理，以预防疾病为主。那么这里主要进行电能生产过程的连续自动调节，保证反映电能质量的指标在允许的范围之内。它的特点是动作速度相对迟缓，具有调节性。

图0-2 西医和中医的区别

电力系统继电保护装置与电力系统自动化装置都是二次设备，但是分工明确，各司其职，共同为电力系统一次设备服务，本书重点研究电力系统继电保护。

接下来，需要了解一次电力系统的运行状态。根据不同的运行条件可以将电力系统的运行状态分为正常、不正常以及故障状态，就如同人的身体在不同时期可能会处于健康、亚健康或不健康的状态。

由此，引出继电保护的任务：自动、迅速、有选择地向断路器发出跳闸命令，将故障元件从电力系统中切除，保证其他无故障部分迅速地恢复正常运行；反映元件的不正常运行状态，发出信号，或进行自动调整，甚至跳闸。

深入剖析"电力系统继电保护"的字面意义。其中，"电力系统"这四个字说明该装置作为二次系统，为一次电力系统服务；"保护"二字说明服务的项目是对一次系统的保护，并不具有对电气量进行调节的功能；"继电"二字指的是完成这一任务的装置早期主要由继电器来实现。现在的微机保护以软件程序代替硬件设备，但功能仍具有"继电特性"，因此依然沿用这一称谓。

其实，每个人在生活中都和继电保护打过交道。熔断器（保险丝）[图0-3（a）]就是最原始的一种保护装置。每个家用电器都有自身的额定电流。当负载越来越大，电流越来越大，熔断器感知了过负荷或者短路故障，利用大电流产生的热效应将金属丝熔断，从而切除故障设备，起到隔离故障、保障电气设备安全的作用。

日常生活中常见的比熔断器更复杂一些的保护装置还有空气开关[图0-3（b）]。原理和熔断器差不多，也是反映过负荷电流或者短路时的大电流而动作的一种简单的保护装置。无论是熔断器还是空气开关，都用来完成对用电设备的保护任务。

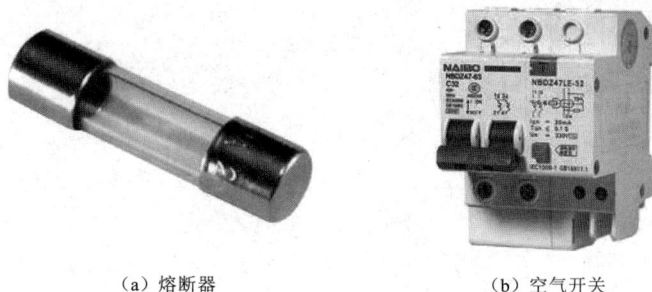

（a）熔断器　　　　　　　　　（b）空气开关

图 0-3　日常生活中常见的保护装置示意图

　　从日常生活中接触的用电设备回到电力系统。在整个一次系统中，用电设备只是系统最末端的低压设备。那么，对于发电机、变压器，尤其是输电线路这些重要一次设备的保护将是本书研究的重点。当然，保护原理也不仅仅是基于过电流。本书将逐一介绍三段式电流保护、距离保护、纵联保护等更为复杂而科学、严谨的保护原理。

　　继电保护是电力系统的三道防线之首。虽然电力系统出现故障的概率较低，但继电保护必须时时刻刻守卫着电力系统。没有继电保护，电力系统不允许直接投入运行。

　　通过本堂课，我们对"什么是电力系统继电保护""继电保护的作用是什么"以及"为什么要研究继电保护"等问题有了初步的认识。

　　电力系统继电保护具有动作速度快、非调节性等特征，类似"西医"。

第一章

绪　论

　　电力系统是一个庞大而复杂的系统，继电保护是保障其安全稳定运行的第一道防线。本章将介绍电力系统继电保护的基本任务、工作原理，以及对继电保护的基本要求和电力系统继电保护的发展史。

第 2 课　电力系统一次设备与二次设备

　　电力系统是由发电、输电、配电、用电等环节组成的一个实时的、复杂的、有机的联合系统。可以毫不夸张地讲，电力系统是目前人类发明的最庞大的机器。如何让这台机器正常稳定地运行，并产出合格的电能产品，首先要了解它的特点。特点之一：目前，电能难以大量储存，电能的生产与消耗几乎时刻保持平衡。这也是电力系统这台复杂、庞大的机器区别于其他机器的特殊之处。因此对其运行提出格外严格的要求，即是对电力系统运行可靠性要求极高，不能中断运行、停止对用户的供电。但是由客观原因或人为因素引起的干扰甚至故障不可避免。那么，如何确保电力系统在各种大大小小的干扰和故障下，能够可靠稳定地运行，则是本书所要研究的主要内容。

电力系统一次设备和二次设备

　　在此之前需要回顾两个概念：电力系统一次设备和二次设备。

　　由发电机、变压器、母线、输电线路、电动机、电抗器、电容器等设备共同构成一次电力系统。相应地，电力系统一次设备就是指电能流经的设备。一次设备的特点是：具有较高的电压水平（一般在千伏级以上）、产生较大的电流（短路时甚至可达到上千安）。以上述一次设备为服务对象，电力系统二次设备是对一次设备进行监视、测量、控制和保护的设备。相对于一次设备来讲，二次设备具有较小的电流和较低的电压水平。比如，保护装置的工作电压在 10～15V 之间，工作电流大约在 5A。因此，在工程现场，尤其变电站，可以看到二次设备一般位于室内，而一次设备大多位于室外。

　　电力系统一次设备：传统的同步发电机、风力发电以及光伏发电设备，是产生电能的设备。我国电力系统以三相交流为主。变压器具有升压或降压功能，有多种类型：双绕组变压器、三绕组变压器以及自耦变压器等。输电线路的架空线，通过绝缘子和杆塔相连。变压器和输电线路负责电能的传输。电力系统中所占比例最高的负荷类型是异步电动机，也就意味着大部分的电能首先转换成了机械能的形式。电动汽车绿色环保，在全球能源互联网中扮演重要的角色。在电力系统中，电动汽车既可以作电源也可以作负荷，是比较特别的一次设备。电力系统的母线，负责收集和分配电能。断路器具有灭弧功能，这是与隔离开关的最大区别。断路器与隔离开关配套使用，可以连接和断开各种电力设备。利用二者的配合关系，将电力系统从一种状态转换到另一种状态，或者改变电力系统的运行方式。隔离开关没有灭弧功能，所以不能带电操作。电力系统在送电的时候要先闭合隔离开关再闭合断路器，在断电的时候要先打开断路器再拉开隔离开关。空心平波电抗器，除了降低短路电流之外，它还有其他的功能。补偿电容器，可以为系统补偿无功缺额，调整电压的大小。电压互感器采集一次侧电压，并按照一定的变比供给保护以及自动化装置使用，实现一次设备和二次设备的联系，同时实现高压和低压的隔离以及强电和弱电的隔离。电流互感器按照一定的变比把一次侧大电流降为小电流供给二次设备使用。

图1-1是一个简单的一次电力系统。流动的箭头代表功率的潮流，由电能的产生、传输、变换以及使用等各个环节组成了一次电力系统。

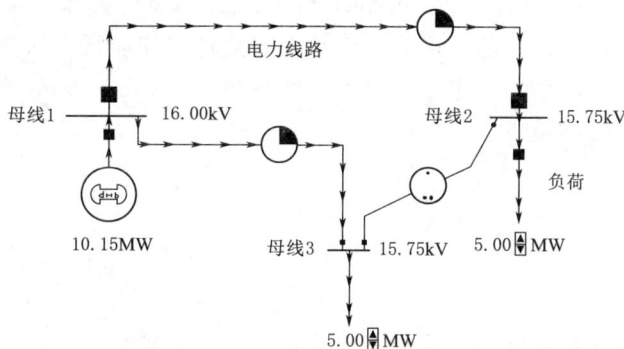

图1-1 简单一次电力系统

电力系统二次设备：用于调节系统电压和频率的自动化装置、用于处理一次设备故障和异常状态的保护装置，均为重要的二次设备。

由以上分析可知：电力系统的一次设备是指电能流经的设备，具有高电压、大电流的特点；电力系统二次设备是指对一次设备的运行状态进行监视、测量、控制与保护的设备，相对于一次设备，其特点是电压较低，电流也较小。

> 电力系统继电保护是最典型的二次设备之一，也是本书所要阐述的主要内容。

第3课　电力系统三种典型运行状态

电力系统是由发电、输电、配电、用电组成的实时的复杂的联合系统。目前，电能难以大量地存储，供求应时刻保持平衡，因此不能中断运行。为了保证一次电力系统安全、可靠、优质而又经济地运行，就需要研究电力系统的运行状态。

电力系统三种典型运行状态

为了研究电力系统一次的运行状态，可以借助电气量等一些参数加以分析。电力系统的参数主要分为两类：一是描述等值电力网络属性的网络参数，比如，阻抗、导纳。具体地，又有电阻、电抗、电导、电纳。这类参数在电网正常运行中短期内相对保持稳定不变，也可以称为静态参数。而另一类参数，称为运行参数，复功率、有功功率、无功功率，以及电压、电流。这一类参数在运行时，通常是在允许范围之内不断变化的，所以这一类参数也称为动态参数。

电能遵循一定的规律，满足特定的电路定律。式（1-1）表示的是等约束条件，其中的 i 表示第 i 个发电机产生的有功以及无功，j 表示第 j 个负荷消耗的有功及无功，ΔP_S 和 ΔQ_S 表示系统的有功以及无功的损耗。

$$\sum P_{Gi} - \sum P_{Dj} - \sum \Delta P_S = 0$$
$$\sum Q_{Gi} - \sum Q_{Dj} - Q_S = 0$$

$$(1-1)$$

式（1-2）表示不等约束条件。S_k 表示发电机等电力元件的功率，$S_{k,max}$ 表示其上限；U_i 表示的是节点电压，$U_{i,min}$ 和 $U_{i,max}$ 分别表示电压的下限和上限；式中另有电流的上限（$I_{ij,max}$）以及频率的上限（f_{max}）和下限（f_{min}）。等约束和不等约束条件均得到满足的情况下，电力系统在规定的限度内可以长期安全稳定地运行。这种状态称为正常运行状态。最关键的指标有两个：一个是节点电压要在额定电压±10%的范围；另一个，频率的变化不超过±0.2Hz的范围。

$$S_k \leq S_{k,max}$$
$$U_{i,min} \leq U_i \leq U_{i,max}$$
$$I_{ij} \leq I_{ij,max}$$
$$f_{min} \leq f \leq f_{max}$$

$$(1-2)$$

电力系统的不正常运行状态，是指正常运行条件受到破坏，但还未发生故障。此时等约束条件满足，不等约束条件有一部分不满足。例如以下状态属于不正常运行状态：负荷潮流越限、发电机突然甩负荷引起频率升高、系统无功缺损导致频率降低等。其中，电力系统发生了振荡，是一种典型的不正常运行状态。

当然，正常状态和不正常状态可以由一系列措施予以调节和控制。有功和无功潮流及电压、频率的调整，可以利用调整发电机的出力、变压器的分接头调节以及调节负荷的大小进行控制；还有其他自动化装置，比如发电厂的备用电源自动投入、自动准同期投入、自动按低频减载等。

电力系统的第三个运行状态是故障状态。比如电力系统一次设备中由于外力、绝缘老化、过电压等客观因素，或者由于误操作等人为因素，造成短路、断线。电力系统的故障是不可避免的。本书所指的故障包括短路和断线。其中，短路是指电力系统正常运行情况以外的一切相与相之间或相与地之间的"短接"。

短路时会出现什么情况？伴随着短路的发生，一般系统中会出现电流增大、电压降低。电流的增大会引起电弧的产生、温度的升高，从而损害设备；电压的降低，会使得电力用户正常的生产、生活受到影响。短路会导致设备的损坏、绝缘的破坏、停电，或者破坏电力系统并列运行的稳定性。甚至最严重的，能够使整个电力系统振荡、瘫痪。图1-2可以看到人工短路试验产生的电弧。

如果发生短路了，该怎么办？通常希望在几十毫秒的时间内切除故障。几十毫秒，比人眨一次眼的时间还要短。这就必须靠自动装置来完成切除故障的任务。那么，实现这种功能的自动装置就是继电保护装置。由于继电保护的特殊性，所以从自动化装置中专门分离出来进行研究与分析。

面对电力系统出现的不正常状态以及故障状态，该如何处理，后续章节将继续分析。

图 1-2　人工短路试验产生的电弧

> 电力系统的运行状态分为三种：正常运行状态、不正常运行状态以及故障状态。状态的区分是根据是否满足等约束条件以及不等约束条件。

第 4 课　电力系统的短路故障

2012 年，印度连续两次发生大面积的停电事故。印度 28 个邦中，多达 20 个邦遭遇停电：地铁中断，乘客被困等待营救；火车晚点，大批旅客滞留；供水中断，交通瘫痪……因停电而造成的损失高达数亿美元。

电力系统的
短路故障

无独有偶，在更早些的 2003 年，美国俄亥俄州北部三条超高压输电线路突然发生故障，并在一个多小时之内，蔓延到了纽约及加拿大的多伦多地区。北美可靠性委员会介入调查，危机专家称：一次大停电，即使是数秒钟，也不亚于一场大地震带来的破坏。这就是电力工业史上著名的美加大停电。

我国虽然没有发生如此严重的停电事故，但是停电现象也未能避免。反思停电事故的原因，有很多，但是大多数和电力系统故障有关。为此要研究电力系统的三个运行状态之一——故障状态。

故障状态指的是一次设备运行中，由于外力、绝缘老化、过电压、误操作，以及自然灾害等各种原因导致的短路以及断线的情况。电力系统的故障，尤其是短路故障是不可避免的。可能由雷击台风，地震，绝缘老化、人为因素等引起。短路指的是电力系统正常运行情况以外的一切相与相之间，或者是相与地之间的"短接"。

伴随着短路的出现，一方面电流会增大，电流增大造成了燃弧、温升、进而损害电气设备；另一方面，短路出现会造成电压的降低，电压的降低会使得电力用户正常的生产生活受到影响，甚至影响设备。严重时会影响电力系统运行的稳定性，甚至导致整个电力系统瘫痪。

各种类型的短路，也是最常见、最危险的故障状态。短路类型有三相短路、两相短路、单相接地短路、两相接地短路。其中三相短路又称为对称性短路、而两相短路、单相短路、两相接地短路，又称为不对称性短路。

大量的现场统计数据表明，在高压电网中，单相接地次数占所有短路次数的 85% 以上。有时为了明确具体的故障相别特别地采用这样类似的符号 $K_A^{(1)}$ 来表示。上标表示故障类型,"1"表示单相短路,"2"表示两相短路,"3"表示三相短路。下标"A"表示故障相别,指的是 A 相发生了单相短路故障,以此类推。

在电力系统中,事故与故障是两个不同的概念。事故是指系统或者是其中的一部分正常的工作遭到破坏,并且造成对用户少送电或电能质量变坏到不允许的地步,甚至造成人身伤亡或电气设备的损坏。引发事故的可能原因如图 1-3 所示,从图中可以看出,事故的概念更加宽泛。

图 1-4 显示了一台起重机碰到了架空线,发生短路以后引发的火灾事故。那么短路是引起这起事故的原因。

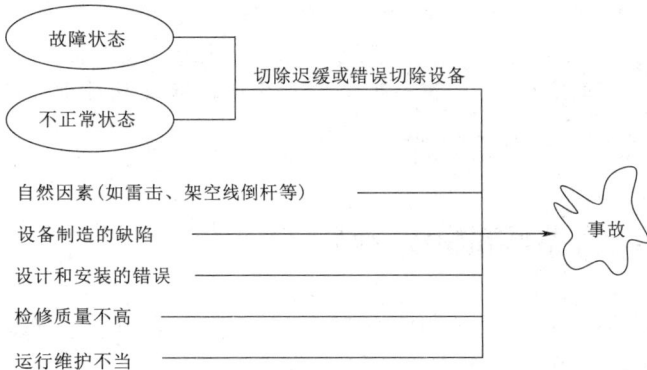

图 1-3 引发事故的可能原因

图 1-4 事故实例

继电保护是电力系统的重要组成部分,是保证系统安全、可靠运行的主要措施之一,是电力系统的第一道防线。

> 电力系统的故障无可避免。在各种各样的短路故障中,单相接地短路发生的概率最高(主要指输电线路)。

第 5 课 继电保护的基本任务

从前面的分析可知,根据是否满足等约束和不等约束这两个条件,把电力系统的运行状态分为正常运行状态、不正常运行状态以及故障状态。那么,继电保护的基本任务就有两个。第一个基本任务,即自动、迅速、有选择地切除故障元件,让没有故障的元件继续可靠运行。"自动"指的是利用自动化装置用弱电去控制强电,把断路器断开;"迅速"是对时间的要求,继电保护动作越快越好;"有选择地"切除故障,意味着防止停电面积扩大。继电保护的第二个基本任务是反映元件的不正常运行状态,动作触发信号或者延时切除。

继电保护的基本任务

例如,电力系统振荡,属于典型的不正常运行状态,不是故障,需要及时切除吗?显然从刚才的定义中知道,继电保护对异常运行状态不需要马上切除。电力系统的振荡,一般是在特定的地点,经过规定的技术步骤之后,在预定的地点进行解列。

本书的重点讨论内容和研究的对象就是电力系统短路的识别和故障区域的判断，以及各种各样的继电保护原理和相应的影响因素以及对策。对于故障区域的判断，称为故障定位，对故障类型的识别称为故障选相。

继电保护是电力系统的重要组成部分，是保证系统安全可靠运行的主要措施之一。那么继电保护的主要作用是通过断路器实现故障点最小范围的隔离，包括实现停电范围最小，并且可以完成自动恢复供电。

从以上概念可知，截至目前，继电保护都是针对故障元件进行的"点保护"。即哪个元件故障了就把哪个元件从系统中切除。利用线路两侧信息交换形成了电力系统的纵联保护，也是应用在现场最多的一种光纤差动保护，可以称之为一种"线保护"。利用一个区域的"面保护"，目前还没有广泛的应用。但是基于广域网的保护研究已经非常深入。

另外，由于环保的压力，越来越多的可再生能源并入电网，可再生能源作为一种发电形式通常是以分布式电源的形式接入配电网。分布式电源接入配电网之后引起电力系统的潮流由原来的单向变为了双向；分布式电源以电力电子逆变型为主，最大输出电流受限。由于上述原因，传统继电保护不再适用，需要研究新的继电保护原理。以微电网为例，继电保护功能往往不再单独强调，而是强调保护和控制的一体化。

> 电力系统的基本任务是面对故障自动、迅速、有选择地切除，面对不正常运行状态发出信号或者延时切除。这是传统意义上的继电保护，继电保护技术正在从点保护、线保护向更加先进的面保护（广域网保护）发展。

第 6 课　继电保护的常用标识与惯用称谓

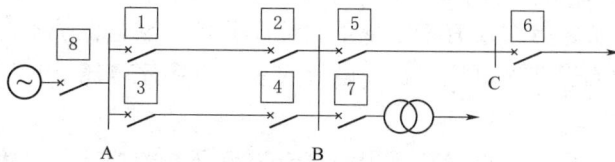

借鉴电力潮流从电源到负荷的流向，即从上游到下游的相对关系，现在确定几个位置的称谓。

如图 1-5 所示，以研究对象保护 1 为基准，保护 1 所在的线路为"本线路"，也就是被保护元件，保护 1 所在线路的下一条线路称为"下一条线路或相邻线路"，保护 1 上游称为"背后线路或系统"。保护 2 的短路称为"本线路末端的短路"，保护 5 处的故障称为"相邻线路出口的短路"，所谓出口指的是保护安装处，C 母线之前的短路称为"相邻线路末端的短路"，断路器 8 处的保护称为"反方向的短路"。

继电保护的常用标识与惯用称谓

图 1-5　单侧电源电网及保护示意图

接下来对几个名称做区分。首先，继电器是自动控制里常用到的一种独立元件，常见的有电流继电器、时间继电器、信号继电器、中间继电器等。继电保护装置是反映电力系统中电气设备发生故障或不正常运行状态，并且动作于断路器跳闸或发出信号的一种自动装置。而电力系统继电保护这个含义更加广泛，泛指继电保护技术以及由各种继电保护装置构成的继电保护系统，包括继电保护的原理的设计、配置、整定、调试等技术及相关的设备。

> 本堂课研究了：以保护对象为基准的"本线路""下一条线路或相邻线路""本线路末端的短路""相邻线路末端的短路"等一些继电保护常用的位置的称谓。另外阐述了"继电器""继电保护"以及"电力系统继电保护"三个概念的区别。

第7课 继电保护的基本原理与典型实例

通常情况下，继电保护首先要正确区分正常运行状态、不正常运行状态以及故障状态，这就是"做区分"。然后，去寻找这三种运行状态下可测参量的差异，这就是"找差异"。最后根据可测参量的差异可以构成不同原理的继电保护。

继电保护的
基本原理与
典型实例

在图 1-5 所示电网中，线路 AB 上，在正常运行时流过的负荷 i_L，通常是电流值比较小。然而在故障状态下，假设在线路 BC 上发生了故障，线路 AB 也流过短路电流。这个短路电流能够达到数百安、上千安。一般情况，短路电流要远远大于负荷电流。

那么正常运行和短路故障，两种状态下的差异有哪些？

首先就是电流的差异。在正常运行时线路流过的是负荷电流 i_L，短路故障发生时，线路流过短路电流，电流值瞬间增大。

另外一个差异是电压差异。正常运行时母线电压接近于额定电压，允许在额定电压附近的一个范围内波动。正常的母线电压在输电系统通常在千伏级以上。而短路故障发生以后，母线电压瞬间大幅降低。假如发生三相短路故障，母线电压瞬间变为零。

还有一个电气量——测量阻抗，即在保护安装处所感受到的阻抗，用测量电压除以测量电流即可得到。系统正常运行时，测量阻抗近似于负荷阻抗。而短路发生以后，电压值变小，电流值增大。二者之比，得到的短路阻抗大大降低。其实，在正常和故障时测量阻抗的角度也有所不同。

以上是三种电气量在系统正常运行以及短路故障时产生的差异。

发生不对称短路的时候，系统一般会出现零序或者负序电流。利用这个特点可以构成序分量的保护。在正常运行时没有零序分量和负序分量，继电保护不应该动作，发生短路故障时，保护安装处流过零序电流、负序电流或者是有零序电压、负序电压。继电保护此时应该动作。

归纳短路的主要特征以及典型的应用。首先，最基本的特征是电流的增大，基于这样一种电气量的保护称为过电流保护。第二种，短路发生后电压会降低，基于电压的这种电气量的保护称为低电压保护。第三种，测量阻抗在发生短路后幅值减小，利用这样的特征构成阻抗保护，也称为距离保护。第四种，利用两侧信息交换，比如两侧电流的大小和相位的差别来构成纵联保护。根据信息交换通道的不同，线路保护可分为高频保护、微波保护以及光纤保护等。目前在我国的输电系统中采用的主保护是光纤差动保护，是一种纵联保护。第五种，序分量会出现在大部分的非对称性故障中，利用这个特征会构成零序或者负序分量的保护。第六种，非电气量的保护，除了以上所使用的电气量在短路和正常的时候会产生差异，其实在短路发生以后，有一些非电气量也会有非常明显的差异，比如瓦斯保护，以及过热保护等。

研究原有继电保护原理或者探究新的继电保护原理都必须从这几个角度出发——首先找出正常、不正常以及故障状态下电力系统哪些可以测得的电气量，或者非电气量有什么样的差异，这叫"找差异"；然后"做区分"，区分出正常与故障状态；接下来构成相应的继电保护原理。

第8课　继电保护装置构成与工作回路

为了完成继电保护的基本任务，必须正确区分正常运行、不正常运行和故障三种状态，寻找这三种运行状态下的可测电气参量和非电气量的"差异"。根据可测电气参量的差异，可以构成基于不同原理的继电保护。

继电保护装置构成与工作回路

短路的主要特征主要是以下几点：①电流增大，应用于过电流保护。②电压降低，应用于低电压保护。③阻抗减小，应用于阻抗（距离）保护。④两侧电流大小和相位的差别，应用于纵联保护。⑤不对称分量的出现，应用于零序保护或者负序保护。⑥非电气量，应用于瓦斯保护、过热保护。

传统继电保护由测量比较、逻辑判断、执行输出三个部分构成。但是值得注意的是，现在的微机保护中三者的界限可能并不清晰，比如测量和逻辑判断可能会共用一段程序。虽然如此，为了明确继电保护装置的工作原理，还是将它们分成这三个部分。

图1-6是继电保护装置的工作逻辑框图，首先输入可测的电气量进行测量值的比较，然后进行逻辑判断，最后执行输出动作于跳闸、发出信号。其中测量比较部分是通过测量被保护电气元件的物理参量，并与给定的值进行比较，根据比较的结果，给出"是"或"非""0"或"1"

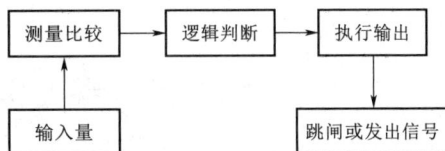

图1-6　继电保护装置的工作逻辑框图

性质的一组逻辑信号，从而判断保护装置是否应该启动，往往需要一个或多个比较元件。

逻辑判断部分是根据测量比较元件输出逻辑信号的性质，先后顺序、持续时间使得保护装置按照一定的逻辑关系判定故障的类型和范围，最后确定是否应该跳闸或发出信号，将结果传给执行输出。

执行输出部分根据上级传来的指令发出跳闸信号、报警信号或不动作。继电保护的工作回路包括三个部分：①将通过一次电力设备的电流、电压线性地转变为适合继电保护二次设备使用的电流、电压，并使一次设备与二次设备隔离的装置，如电流、电压互感器及

11

其与保护装置连接的电缆等。②断路器跳闸线圈与保护装置出口间的连接电缆、指示保护装置动作情况的信号设备。③保护装置及跳闸、信号回路设备的工作电源等。

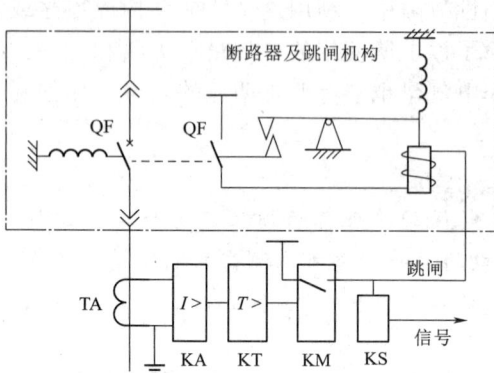

图 1-7　保护工作回路的原理

如图 1-7 所示，以电磁型过流保护为例，展示一个简单的保护工作回路的原理。

正常运行时，一次侧流过正常的负荷电流。通过电流互感器（TA）将一次侧电流变换到二次侧，输入电流继电器（KA）。在这个框图中，"$I>$"表示的是一种过量的电流保护，即当输入电流大于整定值时才有输出；KT 同样也表示为"$T>$"，也是一种过量继电器。一般来讲中间继电器（KM）有两个最主要的作用：①电流继电器和时间继电器对后续电路的驱动能力不足，需要通过中间继电器增强驱动能力；②除了发信号和跳闸需要上一级元件的输出之外，其他的自动化装置也需要保护的自动化信息，节点数目需要扩大，即增加触点的数量。

当一次系统发生短路以后，一次侧流过大电流，通过 TA 变换到二次侧，输入电流继电器的电流大于整定值，那么电流继电器就会有输出去启动下一级时间继电器。时间继电器达到规定的延时后会启动下一级的中间继电器。中间继电器继而驱动信号继电器发出信号，另外一路给断路器的跳闸线圈充电，经过一系列机械结构的动作，使得断路器最终跳闸把一次的故障隔离开来。

> 本堂课阐述了传统继电保护装置由三个部分构成：测量比较、逻辑判断、执行输出。继电保护的工作回路大致也包括头、尾和中间部分。从"头"即从电流互感器以及电压互感器开始，获得电压、电流参量；最后输出是让信号继电器发出信号，或者是让断路器进行跳闸；而中间部分则是保护装置以及必要的工作电源。

第 9 课　继电保护工作配合与保护范围

每套保护都有预先划分的保护范围，这是预设的，不可遗漏。划分的原则是这样的：任意一个元件故障都能够被可靠地切除，并且保证停电的范围最小。保护范围相互重叠，保证任意点的故障都能被及时检测到。

如图 1-8 所示，以一个简单电力系统为例，可以看到发电机的保护区、变压器的保护区、低压母线的保护区以及线路的保护区、高压母线的保护区。它们前后配合，即上下级配合。

继电保护
工作配合
与保护范围

此处有两个问题有待解决：第一个问题，相邻两个元件保护范围有重叠，那么这个重叠是有必要的吗？每一个元件都要由保护来切除故障，如果没有重叠区的话，肯定会有一些电力设备是处于真空保护地带，没有任何一个保护可以为它服务，就必然出现保护的死

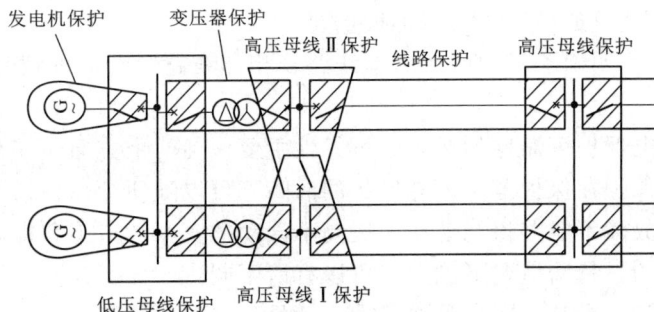

图 1-8　相邻元件保护区重叠示意图

区，为此必须要使得相邻两个保护的保护范围有所重叠；第二个问题，这样一个保护范围重叠区是越大越好还是越小越好？如果这个重叠范围越大，就说明越多的元件受到同时两个保护的服务范围，这样出现误动的机会就比较多，误动可能会造成不必要的停电。所以希望重叠区必须要有，但是越小越好。

重要电力元件保护配置一般都有主保护和后备保护来配合。主保护是为了最大限度缩小故障对电力系统正常运行产生的影响，应该首先保证由主保护快速切除任何的故障。后备保护是保护装置拒动、由于保护回路中其他的环节损坏造成断路器拒动、工作电源不正常或者消失等因素都会造成主保护不能快速切除故障，此时需要后备保护来切除故障。

后备保护由远后备、近后备和断路器失灵保护构成。由后备保护动作切除故障，一般会扩大故障造成的影响。一般后备保护都会有延时，等待主保护确实不动作了，后备保护才动作。因此，主保护和后备保护之间存在两个配合关系，一个是灵敏度的配合，另外一个是时间的配合。在高压电网中采用远后备保护往往不能满足灵敏度的要求，因而采用近后备保护附加断路器失灵保护的方案。近后备保护与主保护安装在同一处，当主保护确实不动作时，由近后备保护来动作切除故障。但是如果断路器失灵，就要启动断路器失灵保护来切除故障。

> 首先，相邻元件的保护范围之间有重叠区，这个重叠区是非常有必要的，重叠区越小越好；另外一点，继电保护的配合是由主保护和后备保护来进行配合的，即当主保护确实不动作了，由后备保护切除故障。后备保护又分为近后备保护和远后备保护。近后备保护是和主保护安装在同一处，所以称为近后备。远后备保护是安装在近后备以及主保护的上一级线路，所以称为远后备保护。

第 10 课　继电保护的基本要求

电力系统的故障是不可避免的。继电保护能够将故障及时地从电力系统中切除。那么接下来的问题就是，继电保护如何能够顺利完成基本任务，即对继电保护有何基本要求。这也是本堂课所阐述的主要内容。

对继电保护基本要求有可靠性、选择性、速动性、灵敏性四点，简称继

继电保护的
基本要求

13

电保护"四性要求",这四项基本要求都很重要。

如图 1-5 所示,明确了保护所在的本线路、相邻线路、背后的线路等几个位置的惯用称谓。

首先介绍对继电保护可靠性的要求。可靠性主要包括两个方面:安全性和信赖性。安全性是指要求继电保护在保护范围之外发生的故障不可以随便动作;信赖性是指针对在保护范围之内发生的故障不能够拒绝动作。提高不误动的安全性措施和提高不拒动的信赖性措施往往也是矛盾的,特殊情况下侧重点可以有所不同。

对继电保护的第二个基本要求是选择性。就是要求保护装置在动作的时候,要仅仅将故障元件从保护系统中切除,而使非故障元件继续运行。总之,应该由最靠近短路点的断路器来跳闸,此种动作行为称为有选择性的保护行为。举例说明,如图 1-9 所示,D1 点发生短路故障,那么如果由短路点最近的保护 1 和 2 来动作,跳开断路器,将故障切除,那么保护 1 和 2 的动作行为就称为有选择性。类似地,D3 点发生短路故障,那么如果由故障点最近的保护 6 来动作,跳开断路器将故障切除,那么保护 6 的动作行为也称为有选择性。在 D3 点发生短路故障时,如果保护 6 拒动或者对应的断路器失灵,如果由离故障点稍近的保护 5 来动作跳开断路器将断路器切除,那么保护 5 的动作行为还是称为有选择性。但是 D3 点发生短路故障,如果保护 6 拒绝动作,或者对应的断路器失灵,那么如果由离故障点较远的保护 1 和 2 来动作,跳开断路器将断路器切除的话,那么保护 1 和 2 的动作行为就称为无选择性。

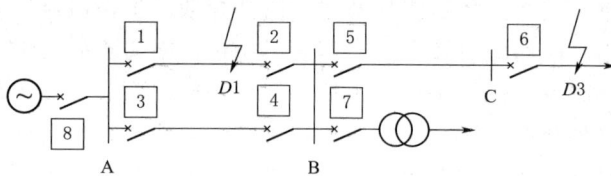

图 1-9 "选择性"示意图

总之,最后一种情况造成了停电范围的扩大:由变电站 C 停电扩大到了变电站 B。假如 A、B 线路另一回线停电检修的话,就不满足继电保护选择性的要求。

实际的运行中的许多因素,比如保护电源丢失、断路器的机械结构出现了故障等,都可能会引起主保护不动作。那么此时就要考虑后备保护。后备保护是出于一种替代功能的考虑。后备保护有这样几类:近后备、远后备和断路器失灵保护。无论哪一种后备保护,设计的目的都是不允许长期存在短路的情况。

对继电保护的第三个基本要求是速动性。所谓继电保护的速动性,就是希望故障能够尽快地从电力系统当中切除,使得用电设备受到的损害最小。快速切除故障有利于提高系统并列运行的稳定性。可以用电力系统分析中学过的一个知识点去解决这个问题。电力系统暂态稳定的极限随着时间的变化越来越小。如果故障切除的时间越晚,那么稳定的极限就会变得越小,越容易失去暂态稳定。如果能够在很短的时间内切除故障,使得系统保持足够的暂态稳定极限,则有利于系统的暂态稳定性。

故障切除的时间包括两部分:第一部分是继电保护装置本身的动作时间,即保护从监测到故障到发出跳闸命令这段时间;第二部分是断路器的工作时间,即断路器从接到跳闸命令到触点真正打开这段时间。对于 220kV 以上的输电线路保护要求更加严格,一般地,从故障发生到最后断路器切除故障,总共不要超过 30ms。

继电保护的第四个基本要求是灵敏性,即要求继电保护在它保护的范围之内,如果发生了故障或者是不正常运行状态，能够足够灵敏地反应。举例说明：从图1-10中很容易发现，保护实际所反映的范围超过设定的保护范围。当反映范围大于设定范围的时候，该继电保护具有足够的灵敏性。具体来讲，灵敏性就是要求任意运行方式下，被保护设备在范围内发生故障，无论故障点是发生在首端还是末端，或是在中间的任何一个位置，无论这个故障类型是三相短路、两相短路，还是单相短路，无论这个故障点和大地之间有没有过渡电阻，都应该灵敏地反应并动作。灵敏性通常用灵敏系数和灵敏度来衡量，见式（1-3），灵敏系数等于反应范围除以设定范围，灵敏系数的具体计算在后续的内容中会涉及。

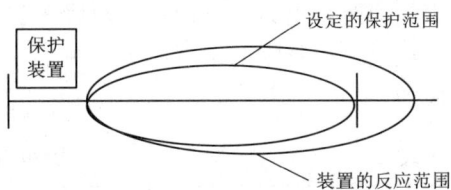

图1-10 "灵敏性"示意图

$$灵敏系数 = \frac{反应范围}{设定范围} \qquad (1-3)$$

以上就是继电保护的四个基本要求。进一步地，这四个基本要求之间有什么关系？可靠性、选择性、速动性和灵敏性，它们之间既有矛盾的一方面，又需要做到辩证统一。关于矛盾性，比如：某个保护装置的灵敏性特别突出，太过于灵敏就容易发生误动，而在此时灵敏性就和可靠性之间产生了矛盾。

总之，四项基本要求是分析和研究继电保护的基础，应该以满足电力系统安全运行行为为准则。不应该片面地强调某一项而忽略另外一项，否则会带来不良影响。从这个角度讲，继电保护既是一门技术，又是一门艺术。

> 电力系统的四项基本要求不仅是评价已有保护的标准，也是设计新型保护的依据。四项基本要求是整门课程重要的基本线索。

第11课　继电保护的发展简史

继电保护工作有以下特点：首先，理论性要求高。除了需要用到各种设备的原理性能，以及参数计算和故障状态分析，还要涉及应用各种电路原理、电机学以及电力系统分析的专业知识，以及应用其他学科的知识来进行运行方式的计算或者设计原则的制定；再次，还需要有分析和思考周全、缜密的工作态度。

继电保护的发展简史

继电保护是一门综合性的科学，除了数学、计算机、通信理论等学科，许多其他学科的发展都促进了继电保护的发展。继电保护工作面向工程实际，理论和实践并重。除此之外，电力工作者尤其是继电保护岗位的工作者，责任非常重大，每次事故都要求继电保护人员参与分析。当然责任与技术水平的同时提高是共存的。在研究继电保护的过程中，不仅要研究被保护元件的特征与差异，提出继电保护的原理，还要不断地关注其他学科和技术的发展。同时应当注意的是，继电保护需要科学性和工程技巧以及工程经验相结合。

继电保护的研究思路如下：第一步，要分析电气量的特征，提取差异，形成原理，判

15

据和方法。第二步，研究影响因素，并提出影响因素的对策，影响因素需要理论基础，分析各种各样的情况，还需要认真细致的工程积累。针对这些影响因素，需要权衡各种利弊采用合适的对策。比如在距离保护中电力系统的振荡对距离保护的影响是特别需要关注的。如何防止电力系统的振荡对距离保护的影响本书将进行深入探究。

继电保护技术的发展简史详见表 1-1。继电保护技术是随着电力系统的发展而发展起来的。

表 1-1　　　　　　　　　　　　继电保护技术的发展简史

年　份	发　展　成　果
1901	出现了感应型过电流继电器
1908	提出了比较被保护元件两端电流的电流差动保护原理
1910	方向性电流保护开始应用，并出现了将电流与电压相比较的保护原理，导致了 1920 年后距离保护装置的出现
1927	出现了利用输电线载波传送输电线两端功率方向或电流相位的高频保护装置
1950	就提出了利用故障点产生的行波实现快速保护的设想
1975	诞生了行波保护装置
1980	反映工频故障分量（或称工频突变量）原理的保护被大量研究
1990	该原理的保护装置被广泛应用

继电保护的硬件方面也经历了由机电式装置到静态的保护以及到现在的数字式保护的过程。机电式保护装置具有机械转动部件带动触点开合的机电式继电器所组成，比如电磁型的继电器、感应型的继电器和电动型的继电器。这类装置的优点是工作比较可靠不需要外加电源，抗干扰能力强，缺点是体积大、动作慢，容易粘连，难以满足超高压大容量电力系统的需求。静态继电保护装置有晶体管式和集成电路式。数字式继电保护也称为微机继电保护，是现有保护的主要形式。由 20 世纪 60 年代末开始对继电保护的计算机算法进行大量的研究，到了 70 年代后出现了性能比较完善的微机保护的样机，80 年代微机保护在硬件结构和软件方面都已成熟，90 年代后期，变电站综合自动化以及无人值班型的模式得到了迅速的发展，因此变电站综合自动化装备，已经成为我国绝大部分新建变电站二次装备。

> 本堂课介绍了继电保护的工作特点：继电保护不仅理论性高而且实践性也较强，并且需要研究和工作人员具备强烈的责任心。随后又对继电保护的发展简史进行了回顾，不仅介绍了继电保护技术的发展，也对继电保护装置从机电式装置到静态继电保护装置再到现在的微机式继电保护装置进行了阐述。

习　　题

1. 继电保护的作用是什么？
2. 电力系统发生短路故障时，会产生什么样的严重后果？

3. 继电保护的基本要求是什么？各项要求的主要内容是什么？

4. 评价继电保护性能的标准是什么？

5. 依据短路的特征，可以构成哪些继电保护原理？

6. 何谓主保护、后备保护？主保护和后备保护的作用分别是什么？

7. 继电保护装置的保护范围有必要重叠吗？为什么？

8. 如图1-11所示的单电源系统示意图中，当 K 点发生短路时，应当由哪个保护动作于跳闸？如果该保护拒动，那么又应当由哪个保护动作于跳闸？为什么？

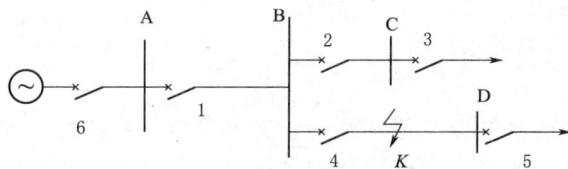

图 1-11　题 8 图

9. 结合电力系统分析课程的知识，说明缩短继电保护的动作时间后，为什么可以提高电力系统的稳定性。

10. 如果电力系统没有继电保护，将会有什么结果？

讨　　论

调研典型的国际大停电事件，并分析原因和启示。

第二章

电 流 保 护

电流保护是最基本的继电保护原理之一。尤其是电力线路的三段式电流保护，几乎是每个继电保护从业者接触的第一个保护原理。电流保护具有简单、可靠的优点，原理也易于理解。因此，继电保护原理入门首选电流保护。

第 12 课　继　电　器

继电器

目前我国电网以微机保护为主，但是仍有部分配电网使用传统电磁型继电保护装置。微机保护以软件程序实现原有的硬件功能，那么问题来了：①既然没有使用继电器等硬件装置，为什么还称之为微机"继电"保护？②既然现在的保护都已微机化，那么为什么还要学习传统继电保护的原理？大家必须清楚继电特性等概念。为此，这节课我们来认识继电器。

继电器是一种能够自动执行通断操作的部件，当输入量达到一定值时，能够使其输出按照预先设定的状态发生变化，即输出的触点闭合或断开。

继电器的分类通常有以下几种：按照硬件组成结构可以分成电磁型、感应型、整流型、数字型等；按照输入量及实现功能可以分为电流继电器、电压继电器、功率方向继电器、阻抗继电器等；按照在控制回路中的地位可以分为启动继电器、度量继电器、时间继电器、信号继电器以及中间继电器。

以一种电磁型电流继电器为例，如图 2-1 (a) 所示的输出触点称为常开触点，常开触点也称为动合触点。因为在正常不带电的情况下这个触点是打开的，当继电器动作，有了输出触点才闭合。

再来看电磁型电流继电器的工作原理。当输入绕组通入电流，正常时输入电流不大。在正常的电流负荷下电磁力不足以克服弹簧力矩，接触点仍然处于打开的状态。但是当电流增大以后，比如发生了短路，由于短路电流较大，流入输入线圈的电流也将增大。

电磁力矩增大克服了弹簧力矩及摩擦力矩后，继电器会动作，输出触点闭合 [图 2-1 (b)]。这个功能将应用于控制后续电路的通断。

继电器的触点分为两类：①常开触点；②常闭触点。常开触点也叫动合触点，常闭接点也称为动断触点（图 2-1）。

在坐标系中可以观察继电器的动作过程中输入与输出变化的特点，如图 2-2 所示。输

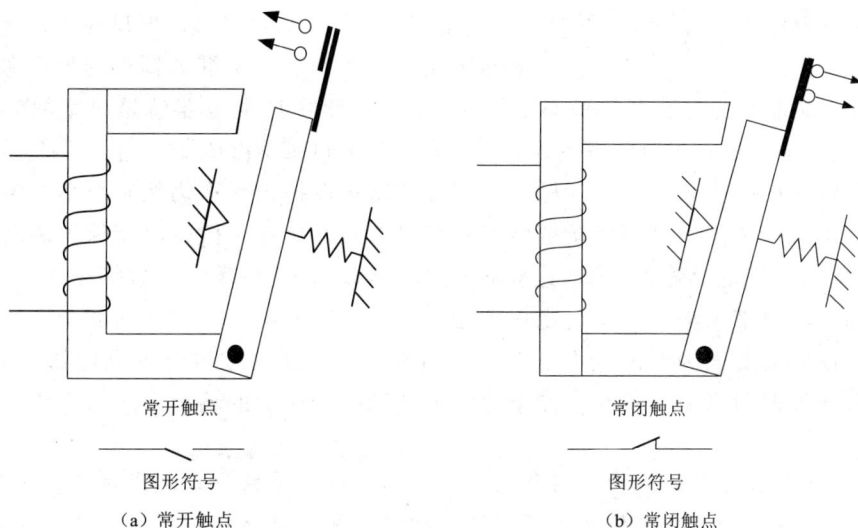

（a）常开触点

常开触点

图形符号

（b）常闭触点

常闭触点

图形符号

图 2-1　电磁型电流继电器的图形符号

入量从零开始增大，当电磁力矩等于弹簧力矩时，仍然不足以启动后续的触点动作。如果电流继续增大，克服了摩擦力矩，常闭触点将被打开，即继电器的输出发生了改变。那么，这个点对应的横坐标值称为动作电流。动作电流产生的电磁力矩大于弹簧力矩与摩擦力矩的和。当输入继电器的电流小于动作电流时，继电器是不动作的；当输入电流大于动作值，继电器输出发生跳变，由低电平变高电平或触点由打开变为闭合的状态，这就是继电器的动作过程。

继电器一旦动作，气隙减小，电磁力矩增大过程是一个急剧变化的过程。也就是说，这里会发生一种跳变而不是渐变。继电器的返回过程用另一线段表示，当输入电流减小至动作值时，仍然不足以使继电器返回。还需要克服一定的摩擦力才能够使继电器返回。能够使继电器返回的这个电流称为返回电流。那就意味着输入电流小于返回电流时输出产生跳变，继电器复归。这就是继电器的返回过程。

从图 2-2 中也可以知道动作电流是大于返回电流的。返回电流与动作电流的比值，称为返回系数，用 K_{re} 表示。

所谓继电器的继电特性是指无论继电器的动作还是返回都非常干脆，正如图 2-2 中动作的状态是直接发生明确的跳变，要么从 "0" 变为 "1"，从低电平变为高电平，要么返回是从高电平变低电平，从 "1" 变为 "0"，而没有中间一个模糊的渐变的过程。

在图 2-2 中观察到，返回电流小于动作电

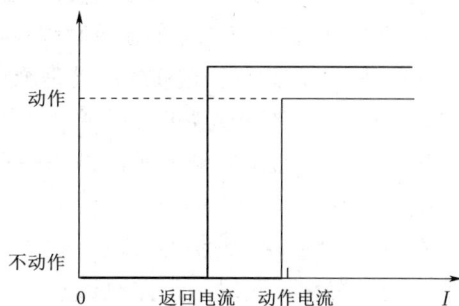

图 2-2　继电器的动作过程示意图

流。这是因为主要考虑保证继电器输出的稳定性，即为了避免当输入量在一定范围内波动的时候，输出产生反复的跳变。返回系数的概念应运而生，该示例中的返回系数是小于 1 的。从图 2-2 中可以看出，当输入电流在动作值附近发生波动的时候，由于输入电流大于返回电流，使得继电器不会马上返回，更不会因为这个波动而发生反复的跳变。

一般来讲继电器分为欠量型继电器和过量型继电器。欠量型继电器反应于输入量的减小而动作，而过量型继电器反应于输入量的增大而动作。欠量型继电器的返回系数是大于 1 的，而过量型继电器的返回系数是小于 1 的。比如，低电压继电器就是典型的欠量型继电器，用"$U<$"来表示；过电流继电器就是一种典型的过量型继电器，用"$I>$"来表示。

这堂课刚开始提出来的一个问题——现在的微机保护为什么仍然叫作继电保护？答案揭晓：因为微机保护依然沿用传统继电器的继电特性。比如，微机电流保护的动作电流设置成 5A，返回电流也设置为 5A。这样合理吗？这就意味着返回系数等于 1，如前所述，返回系数为 1 将会带来输出的不稳定，即输出会随着输入电流的变化而波动。如何避免这种情况呢？此时需要人为地设置小于 1 的返回系数，比如可以设置返回电流为 4.8A，这样就能够有效地避免当输入量在动作电流附近波动时，保护的输出可靠、稳定、不变化。

什么叫作动作电流？什么叫作返回电流以及返回系数？正是因为继电器有了继电特性，所以现在的微机保护也沿用这一称呼，即微机继电保护。继电器可以分为欠量继电器和过量继电器，二者的返回系数具有不同特点。

第 13 课　相间短路电流计算、变化曲线

通常，35kV 以下的配电网中大多采用小电流接地方式，在小电流接地方式中所有变压器的中性点均不接地或经消弧线圈接地。由"电力系统分析"可知，发生单相接地短路故障时，对用户来讲，三个线电压仍然保持对称，所以还可以持续运行 1～2h 的时间，因此供电可靠性较高。这也正是小电流接地系统的显著优点。但是，非故障相的相电压升高为原来的 $\sqrt{3}$ 倍，所以对绝缘的要求自然就提高了。

相间短路
电流计算、
变化曲线

随着电压等级的提高，绝缘的投资会急剧地增加。在我国，小电流接地方式主要是应用在配电系统中。而 110kV 以上的输电网中一般采用大电流接地系统，在该电压等级中所有的变压器中性点是直接接地的。这样的好处是绝缘要求低，绝缘的投资相对于小电流接地要低得多。缺点是在发生单相接地短路时，会产生很大的短路电流，损坏设备。

本节课研究的是单侧电压网络相间短路，故障特征主要针对的也是 35kV 以下中性点不直接接地系统。

在图 2-3 中 Z_s 表示的是电源侧的等值阻抗，Z_k 指的是短路故障点 K 与母线之间的等值阻抗。三相短路时，短路电流如式（2-1）所示。而在同一地点发生两相短路时，短路电流的大小是三相短路的 $\sqrt{3}/2$ 倍，如式（2-2）所示。

那么，如果变电站 B、C、D 还有其他的负荷或者有其他的引出线该怎么办？其实，负荷电流是远远小于短路电流的，可以忽略不计。在小电流接地系统中中性点不直接接地，因此不讨论接地的故障。只需关注三相短路故障以及两相相间的短路故障即可。

三相短路：
$$I_k = \frac{E_\Phi}{Z_s + Z_k} \tag{2-1}$$

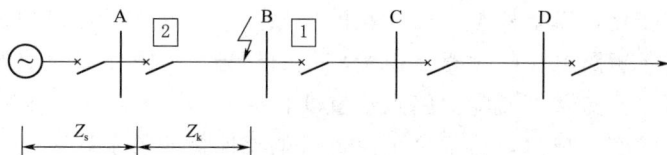

图 2-3　35kV 以下中性点不直接接地系统示意图

两相短路：
$$I_k = \frac{E_\Phi}{Z_s + Z_k} \cdot \frac{\sqrt{3}}{2} \tag{2-2}$$

通用计算表达式：
$$I_k = \frac{E_\Phi}{Z_s + Z_k} K_\Phi \tag{2-3}$$

$$K_\Phi = \begin{cases} 1, & \text{三相短路} \\ \dfrac{\sqrt{3}}{2}, & \text{两相相间短路} \end{cases} \tag{2-4}$$

由"电力系统故障分析"可知，通用的短路电流的表达式见式（2-3）。其中的 Z_k 为故障点到母线上的等值阻抗，那么也就代表故障点的位置。其中的系数 K_Φ 表示故障的类型，称为短路故障系数。如果发生三相短路 K_Φ 等于 1，如果发生两相相间短路 K_Φ 取 $\sqrt{3}/2$。那么，在故障点位置和故障类型这两点都确定的情况下，通过式（2-3）可以看出，短路电流就只和系统的等值阻抗 Z_s 有关。

下面讨论系统的等值阻抗 Z_s，有两种极端情况：第一种，在某一地点发生三相短路时，如果流过保护安装处的电流为最大，那么就称此时的运行方式为最大方式，短路电流用 $I_{k,\max}$ 来表示。刚才讲的 $Z_{s,\min}$ 相对应的是等值系统阻抗的最小值；第二种，在相同地点发生三相短路时，如果流过保护安装处的电流为最小，此时称为最小运行方式。

通过式（2-5）可知，若要使得整个短路电流最小，只需让分母最大即可，那么分母上的 Z_s 就取最大值，即最小运行方式下系统运行阻抗是最大的。

$$I_{k,\max} = \frac{E_\Phi}{Z_{s,\min} + Z_k} \cdot K_\Phi \tag{2-5}$$

短路电流随故障点位置变化的曲线，称为短路电流变化曲线。如图 2-4 所示，横坐

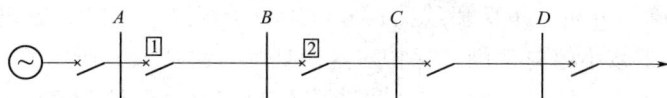

（a）网络示意图

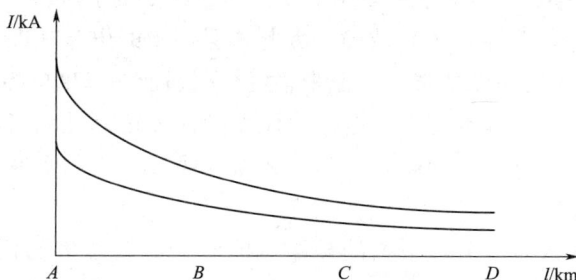

（b）短路电流关系曲线

图 2-4　单电源网络示意图及短路电流关系曲线示意图

标是故障点位置的变化，纵坐标是电流大小的变化。上方的曲线对应的是在最大运行方式下发生三相短路时，短路电流随短路点位置变化的趋势；下方曲线对应的是在最小运行方式下发生两相短路时，短路电流随短路点位置变化的趋势。

根据短路电流的变化规律，接下来可以进行电流保护的整定计算。但是必须要清楚的是：系统的运行方式往往处于最大和最小之间的某一状态。因此，一般情况下，实际的短路电流应该介于最大电流和最小电流的极限值之间。

> 系统的运行方式有两种极限情况，即最大运行方式和最小运行方式，其中最大运行方式对应的等值系统阻抗最小，最小运行方式对应的等值系统阻抗最大。

第 14 课　电流速断保护

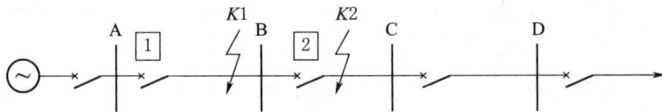

三段式电流继电保护是最经典也最基础的保护原理之一。电流速断保护是三段式电流保护中的第 I 段，这节课研究电流速断保护的原理、整定原则以及对它的评价。

电流速断保护又简称电流 I 段，反应于短路电流的幅值增大而瞬时动作。如图 2-5 所示，以线路 AB 的保护 1 为例，根据选择性要求，希望保护 1 可以保护线路 AB 的全长。

电流速断保护

图 2-5　单电源网络故障示意图

但是，$K1$、$K2$ 以及母线 B 三个位置的关系：$K1$、$K2$ 同属于变电站 B，分别位于母线 B 进线的末端和出线的首端。那么，这两者之间的物理距离相对于长线路来讲是可以忽略不计的，因此二者之间的电气距离几乎为零，即电气上认为是同一点。但 $K1$、$K2$ 在物理上又明确地分属上下两段线路，即分别属于线路 AB 和线路 BC。因此，从选择性的要求出发，为了减小停电范围，保护对这两处的短路应该有所区分。

由于电气距离为零，那么在 $K1$、$K2$ 两点发生短路时，保护 1 感受到的短路电流是相同的，所以保护 1 没有办法区分到底是 $K1$ 点还是 $K2$ 点发生了短路，也就是没办法区分到底是线路 AB 还是线路 BC 发生的短路故障。因此，保护 1 的电流速断保护就必须按照躲过相邻下一级线路出口短路时出现的最大电流来整定。相邻下一级出口指的就是 $K2$ 点。

根据对继电保护的四个基本要求，电流一段保护保证选择性和可靠性，牺牲一定的灵敏性来获得速动性。这里有两个问题：①为什么需要躲过最大的短路电流？②什么情况下会出现最大的短路电流？

第一个问题，为什么需要躲过最大的短路电流？考虑最恶劣的情况、最不利的条件，保证在各种短路情况下都能够有选择性地不误动；第二个问题：什么情况下才能出现最大的短路电流？由第 13 课分析可知，系统在最大运行方式下发生三相短路时，会出现最大的短路电流。

如式（2-3）所示，若系统运行方式和短路类型已知，那么只剩下 Z_k 未确定。Z_k 这个量表示的是故障的距离，代表故障的位置。这里讲到的是本线路末端的或者相邻下一线路出口 $K2$ 处短路，那么，Z_k 显然就是 Z_{AB}。

接下来进行符号的说明。

$I_{set.1}^I$ 这个符号中既有上标又有下标，分别代表特殊的含义。这里的上标表示的是第几段："Ⅰ"表示第Ⅰ段，"Ⅱ"表示第Ⅱ段，"Ⅲ"表示第Ⅲ段。下标也有一个阿拉伯数字，这个数字表示的是保护安装的位置或者是断路器对应的编号，"1"就表示的是线路 AB 的保护1。英文单词"set"是"整定"的意思。那么这个整体符号表示的就是保护1的Ⅰ段电流的整定值。

整定思路清晰了，接下来要进行整定计算。第一次进行整定计算，我们要清楚整定计算的过程需要分三步走：定值的整定、时间的整定以及灵敏度的校验。

以线路 AB 的保护1为例，为了保证选择性，保护1的整定原则应该是躲过下一条线路出口处，即 $K2$ 处的最大短路电流。可以列出式（2-6）这样的表达式来表达这样的关系，其中">"表示的就是躲过的意思。$K1$、$K2$ 以及母线 B 这三点在电气上实为同一处，所以这三点短路时流过保护安装处的电流几乎相等。那么整定原则将演变成躲过本线路末端的最大短路电流，即就是 $K2$ 变成了 $K1$。

$$I_{set.1}^I > I_{k.K2.max} \qquad (2-6)$$

为了描述的方便，还可以进一步把整定原则的公式变为整定电流大于母线 B 处的最大短路电流。

于是，保护1的整定原则最终写成了式（2-7），用来满足选择性的要求。

$$I_{set.1}^I > I_{k.B.max} \qquad (2-7)$$

为了定量的计算，需要将不确定的关系转换为一种确定的关系进行表达，即把">"变成"="，可以用乘以一个大于1的系数来解决。然后可以列出这样的一个表达式，见式（2-8），来表达保护1的电流整定的计算公式。

$$I_{set.1}^I = K_{rel}^I \cdot I_{k.B.max} \qquad (2-8)$$

式中，K_{rel}^I 为Ⅰ段的可靠系数。

电流Ⅰ段的整定方法或者说整定原则，可以归纳为：躲过本线路末端出现的最大短路电流。那么保护1的整定就是大于母线 B 处的最大短路电流。以此类推，保护2的Ⅰ段整定应该是大于 C 母线处的最大短路电流。

式（2-8）中的 K_{rel}^I 到底应该怎么确定？$I_{k.B.max}$，即母线 B 处短路时流过保护1的最大电流，该计算结果与实际电流存在误差，根据经验，引起误差的因素如下：第一，线路参数以及系统参数的误差，即 Z_s 或者 Z_{AB} 均会有误差；第二，电势的波动，分子 K_Φ 会变化；第三，式（2-8）中列出的是短路电流中的工频分量，除了工频分量，还应当考虑非周期分量以及其他谐波；第四，继电器连接到 TA（电流互感器）的二次侧，就会有二次侧的测量误差；第五，继电器的测量误差、整定误差等因素。那么可靠系数到底应该等于多少？结合工程经验，主要考虑以上各种相对误差的影响，再加上一定的裕度，就构成需要考虑的误差范围。

考虑最不利的影响，即所有的误差同时偏向了正向或者同时偏向了负向，那么所有的误差最大值进行了叠加，这个时候会出现最大的偏差。因此，考虑这些因素，可靠系数取 $1.2\sim1.3$。

根据式（2-9）即可计算出一次整定值。需要通过电流互感器 TA 的变比换算到二次侧，即进行二次整定计算。将一次整定值除以变比，就得到了继电保护二次的动作电流值，见式（2-9）。

$$I_{op.1}^{I} = \frac{I_{set.1}^{I}}{n_{TA}} \qquad (2-9)$$

整定计算第二步：时间的整定。从电流速断保护的名称上就可以看出，速断就指立即切除故障，动作于跳闸。这就意味着动作时间整定值应该是 0，虽然整定时间为 0，但实际从保护发出命令到真正断路器跳闸，总有固有动作时间。在整定计算时先不考虑，就认为 Ⅰ 段的整定时间为 0。

整定计算第三步：灵敏性的校验。对于电流速断保护来说比较特殊，因为它不能保护线路的全长，所以用最小保护范围来描述它的灵敏性。灵敏性定义为：最小保护范围除以全长的百分比。式（2-10）要求最小保护范围能够保护全长的 $15\%\sim20\%$。

$$K_{sen}^{I} = \frac{l_{min}}{l_{全长}} \times 100\% \qquad (2-10)$$

接下来将解决如何求解最小保护范围的问题。

首先尝试用图解法解决这个问题。如图 2-6 所示，图中两条曲线分别对应的是最大的短路电流和最小的短路电流两个极限。I_{set} 是保护 1 的电流速断保护整定值，在图 2-6 中用一条水平线表示。该整定值与下方曲线有一个交点。该点确定了保护 1 的电流速断保护的最小保护范围。最小保护范围意味着在这个范围之内，在这种运行方式下工作，无论发生何种故障，保护 1 都能够灵敏地反应，迅速地切除故障。

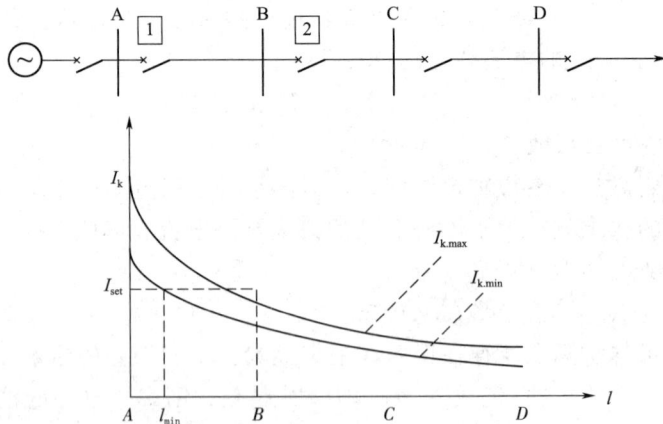

图 2-6 图解法求最小保护范围

但是，这种图解法目前没有真正求得最小保护范围，还需要借助解析法列出方程式。这样的解析表达式详见式（2-11）和式（2-12）。

$$I_{k.min} \stackrel{\triangle}{=} I_{set.1} \qquad (2-11)$$

$$I_{k.\min} = I_{k.\min}^{(2)} = \frac{\sqrt{3}}{2} \frac{E_\Phi}{Z_{k.\max} + z_1 l_{\min}} = I_{set.1}^{I} \tag{2-12}$$

如式（2-11）所示，等式左边是在最小保护范围处的最小短路电流，等式的右边是保护1的Ⅰ段电流整定值。分别计算 $I_{k.\min}$ 以及 $I_{set.1}^{I}$，见式（2-12），此时方程式未知的只有最小保护范围 $l_{\min}$，通过式（2-12）可以求出最小保护范围。

线路单位长度的阻抗是不变的，即线路的阻抗和它的长度是成正比的。应用这个规律，也可以用最小阻抗表达最小保护范围。

接下来研究电流Ⅰ段的接线。如图 2-7 所示，从 TA 二次侧引入电流进入 KA 电流继电器，接下来电流继电器的输出引入 KM 中间继电器。中间继电器的输出可分两路：一路送给跳闸信号，去给充电线圈充电；另外一路信号继电器发出信号，它的作用是通知运行人员并记录故障。其中，中间继电器的作用是为了增加节点的个数、增强驱动后续电路的能力。

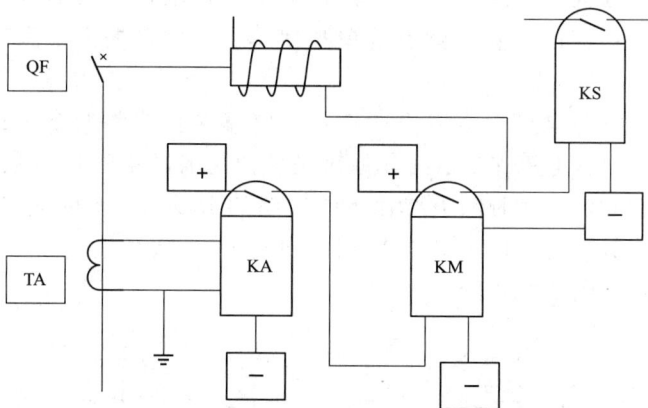

图 2-7　电流Ⅰ段接线示意图

简单总结一下电流速断保护的优缺点：优点是简单可靠、动作迅速；缺点，首先不能保护线路的全长，其次受系统运行方式的影响比较大，在一定情况下有可能没有保护范围。

如图 2-8 所示，运行方式变化比较大，在线路较短的时候有可能会出现整定值水平线和下方曲线没有交点，就意味着没有最小保护范围。

当然，也可能出现另一种极端情况：如图 2-9 所示，特殊情况下当线路与变压器相连的时候可以保护全线路的全长，甚至还能够保护变压器的一部分。

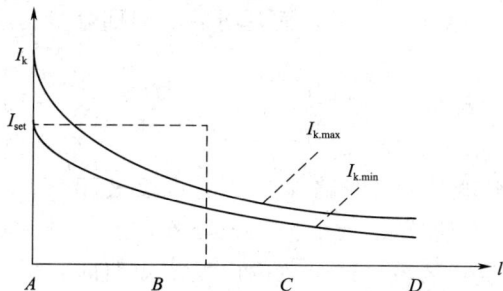

图 2-8　电流Ⅰ段无最小保护范围情况示意图

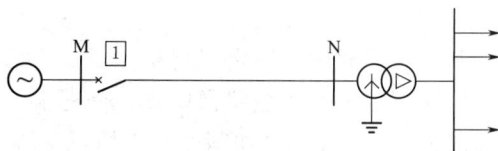

图 2-9　电流Ⅰ段保护范围达到线路全长情况示意图

整定计算一般分为三步走，①定值的整定，②时间的整定，③灵敏度的校验。

电流速断保护的整定：①定值的整定，是按照躲过本线路末端的最大短路电流来整定的；②时间的整定，为0；③灵敏度的校验，按照最小保护范围来进行评价。

电流速断保护的主要优点是选择性、可靠性、速动性较好，主要缺点是灵敏度受运行方式的变化等因素的影响比较大。

第 15 课　限时电流速断保护

第14课讲到电流速断保护简单可靠、动作迅速，但是不能保护线路的全长，即以牺牲灵敏性为代价，换取了选择性，保证了速动性和可靠性。电流的Ⅰ段既然不能保护线路的全长，就不能单独使用。因此，提出了限时电流保护——电流Ⅱ段。

限时电流
速断保护

对限时电流保护的要求显然有以下两点：①能够保护线路的全长；②具有最小的动作时限。限时电流保护的工作原理是保护范围延伸至下级线路，与下级线路的Ⅰ段配合，需要带有时延，在时间上要比下级线路的Ⅰ段高一个时间阶梯 Δt，即为了保证选择性和可靠性，势必要牺牲一定的速动性，而获得灵敏性。

电流Ⅱ段的整定如图 2-10 所示。

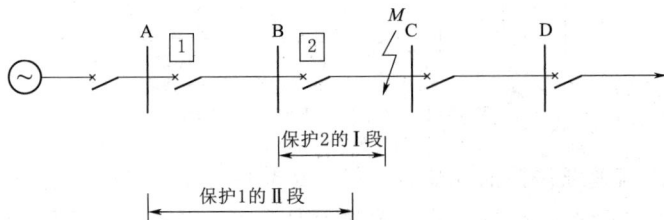

图 2-10　电流Ⅱ段的整定示意图

第一步，电流的整定。假设 M 点为保护2的电流速断保护的保护末端。保护1的Ⅱ段整定电流要大于保护2的Ⅰ段整定电流。类似于Ⅰ段保护同样用乘以一个大于1的可靠系数来将"＞"转化为"＝"。Ⅱ段的可靠系数一般要求在 1.1～1.2，为什么比Ⅰ段的可靠系数要小一点？其中一个很大的原因就是电流Ⅱ段带有时延，而延时后非周期分量已经衰减差不多了。

$$I_{set.1}^{II} > I_{set.2}^{II} \Rightarrow I_{set.1}^{II} = K_{rel}^{II} \cdot I_{set.2}^{II} \tag{2-13}$$

$$K_{rel}^{II} = 1.1～1.2 \tag{2-14}$$

第二步，时间的整定。保护1的Ⅱ段要和相邻下一级线路保护2的Ⅰ段去配合。因此，要比相邻下一级线路保护2的Ⅰ段高一个时间阶梯 Δt。根据工程经验，这个时间阶梯确定为 0.3～0.5s。如图 2-11 所示，在这个重叠区域，这个范围内发生短路时，保护1的Ⅱ段和保护2的Ⅰ段都应该动作，其中，保护2的Ⅰ段会率先控制断路器跳闸，而保护1的Ⅱ段要经过延时 0.5s 以后才能跳闸。那么在其他设备都正常工作的情况下，在 Δt

的时间内，保护 2 控制断路器 2 跳闸，切除故障，保护 1 随即返回。如图 2-11 所示，最后这一段表示的是测量元件在外部故障切除后的返回延时，再加上一定的裕度。在这段时间保护 1 是不能动作的。这就是 Δt 考量的因素。根据经验，这个时间阶梯 Δt 通常为 0.5s，有的情况下采用快速灭弧和电子延时后可以大大缩短到 0.3s。

$$t_1^{II} = t_2^{I} + \Delta t \quad (\text{取 } \Delta t = 0.3 \sim 0.5s) \tag{2-15}$$

第三步，灵敏度的校验。电流速断保护用最小保护范围来描述它的灵敏度，而电流 II 段是能够保护线路的全长，用灵敏系数来描述它的灵敏性。灵敏系数的计算公式见式 (2-16)，用保护范围末端的最小短路电流去除以整定值，这个比值要求应该大于 1.3~1.5。这样设置的目的是为了确保 AB 线路任何地方的短路都能被切除。考虑最小运行方式及两相相间短路的情况。如果不能满足可靠性要求，再考虑让保护 1 的 II 段和保护 2 的 II 段相配合。

$$K_{sen}^{II} = \frac{I_{k.B.min}}{I_{set.1}^{II}} \quad (\geqslant 1.3 \sim 1.5) \tag{2-16}$$

接下来研究电流 II 段的接线原理。电流 I 段接线是由电流继电器 KA、中间继电器 KM 和信号继电器 KS 来共同构成。如何在电流 I 段的基础上改造成电流 II 段的接线方式呢？电流 II 段比电流 I 段多了延时，也就需要增设一个时间继电器 KT。用时间继电器代替中间继电器，这就是电流 II 段的原理接线，如图 2-12 所示。

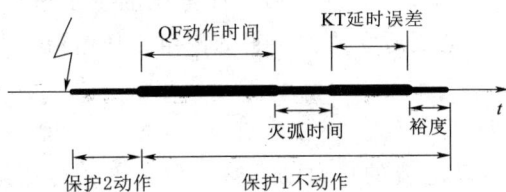

图 2-11 保护动作时限

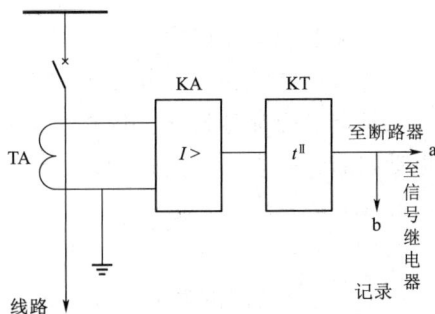

图 2-12 限时电流速断保护接线示意图

对电流 II 段，即限时电流速断保护进行评价。优点是能够保护线路的全长，所以灵敏性较好。缺点是从它的名字可以看出，带了时限，0.3~1s 的延时，速动性就差一些。另外，它不能作为下一级线路的远后备。

电流 I 段和 II 段联合工作就可以保证全线范围内的故障在 0.5s 内予以切除，一般情况下能够满足快速切除故障的要求，二者共同构成了单端电气量的主保护。

> 由于电流 I 段不能保护线路的全长，为了弥补这一缺点，电流 II 段必须首先要能保护线路的全长。既然保护线路的全长，就势必将保护范围延伸到了下一级线路，但是不允许超过下一级线路的 I 段的保护范围。因此电流 II 段的整定原则是和相邻线路的 I 段配合，动作时限是经验值 0.5s，灵敏度由灵敏系数来描述，须满足 1.3~1.5。

第16课　过电流保护

由于电流Ⅰ段保护不能保护线路的全长，因此不能单独使用，需要与Ⅱ段配合。而电流Ⅱ段虽然可以保护线路的全长，但是不能保护相邻下一级线路的全长，不能成为相邻线路的远后备。因此，需要提出第Ⅲ段保护——过电流保护。

过电流保护

过电流保护也称为电流Ⅲ段保护，设计的目的是不允许故障长期存在。常见的过电流保护有定时限过电流保护和反时限过电流保护。为了对过电流保护的整定计算建立初步概念，本节课仅介绍前者。

定时限过电流保护整定的原则：按照躲过最大的负荷电流来进行整定。这样的目的是为了在故障切除以后，定时限过电流保护应当可以可靠地返回。一般情况下，Ⅰ段和Ⅱ段的电流定值都相对比较大，而且返回电流要比正常的负荷电流要大。

$$I_{re} > I_{L.max} \tag{2-17}$$

式中：$I_{L.max}$ 为最大负荷电流。

同样地，定时限过电流保护整定计算也要分三步走：定值的整定、时间的整定、灵敏度的校验。

电流的第Ⅲ段，定时限过电流保护的整定电流有两种办法获得，取二者的最大值。第一种，考虑躲开本线路上可能出现的最大负荷电流；第二种，在外部故障切除以后，已经启动的保护能够可靠地返回。但在实际中，当外部故障切除以后，在电压的恢复过程中，负荷电动机有一个自启动的过程。这个自启动的电流通常要大于它的额定工作电流。关系见式（2.18）。

$$I_{ss.max} = K_{ss} I_{L.max} < I_{re} \tag{2-18}$$

式中：$I_{ss.max}$ 为自启动的最大电流；K_{ss} 为自启动电流的自启动系数，那么 K_{ss} 显然是一个大于1的系数。

要求保护在自启动电流的情况下还能够可靠返回，因此，仅仅能够躲过最大负荷电流已经不能满足要求了，所以要以数值更大的自启动电流为基准。按照前述惯例，只需乘以一个大于1的可靠系数就可以了。

另外，考虑希望继电器能够在此情况下返回。因此，返回电流必须大于自启动电流，即最大自启动电流乘以一个可靠系数。显然这个可靠系数也是一个大于1的值。

$$I_{re} = K_{rel}^{Ⅲ} I_{ss.max} = K_{rel}^{Ⅲ} K_{ss} I_{L.max} \tag{2-19}$$

还需要知道整定电流值和最大自启动电流有什么关系。我们知道，返回系数能够将实际电流和整定电流联系在一起。那么，对于过电流保护，返回系数是小于1的。

那么，就可以得到第Ⅲ段电流保护整定值的计算，它等于返回电流乘以返回系数，而返回电流又和自启动电流有关，用自启动系数表示这个关系。

$$\because K_{re} = \frac{I_{re}}{I_{set}} \tag{2-20}$$

$$\therefore I_{\text{set}}^{\text{III}} = \frac{I_{\text{re}}}{K_{\text{re}}} = \frac{K_{\text{rel}}^{\text{III}} K_{\text{ss}} I_{\text{L. max}}}{K_{\text{re}}} \quad\quad (2-21)$$

以上是第Ⅲ段过电流保护的定值整定原则，接下来是第二步，就是动作时间的整定。以图 2-13 为例来说明。

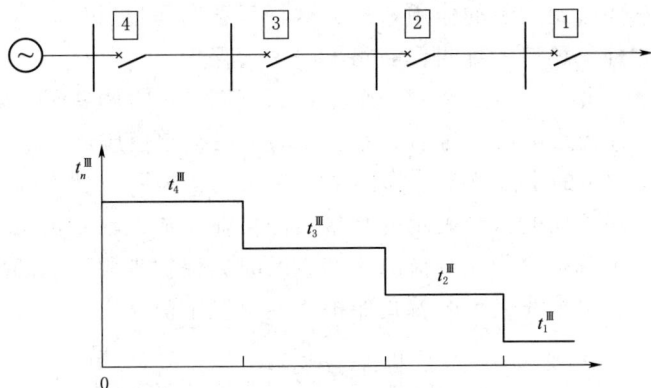

图 2-13　阶梯形保护动作时限

第Ⅲ段电流保护满足阶梯原则。所谓阶梯，是指每一段线路的Ⅲ段保护的时限要比相邻下一级线路高出一个时间阶梯。这个时间阶梯相对固定，Δt 经验值为 0.5s。可以用式 (2-22) 来表示这个阶梯形时限特性。

$$t_{n+1}^{\text{III}} = t_n^{\text{III}} + \Delta t \quad\quad (2-22)$$

对于一般的情况，第Ⅲ段时限特性应该如图 2-14 所示，保护 2 的Ⅲ段时间特性要比保护 1 的Ⅲ段高出一个时间阶梯，它们两者之间是配合的；保护 3 的Ⅲ段要和保护 2 的Ⅲ段去配合。除此之外，我们还看到同一母线上还有两路引出线，即 22 和 23 这两个断路器，那么同样要选择 2 以及 22、23 这三个保护中最长的动作时限，然后比这个最长的动作时限高出一个时间阶梯，就是保护 3 的Ⅲ段的动作时限。保护 4 的也是如此，它要和保护 3 去配合，也就是和保护 3、32 以及 33 这三个中最长的时限去配合，比最长时限再高出一个时间阶梯。

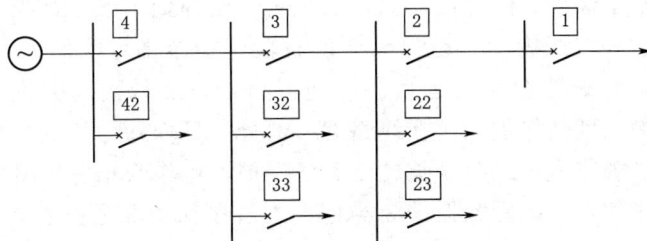

图 2-14　定时限过电流保护配合系统

$$t_2^{\text{III}} = t_1^{\text{III}} + \Delta t \quad\quad (2-23)$$

$$t_3^{\text{III}} = \max\{t_2^{\text{III}}, t_{22}^{\text{III}}, t_{23}^{\text{III}}\} + \Delta t \quad\quad (2-24)$$

$$t_4^{\text{III}} = \max\{t_3^{\text{III}}, t_{32}^{\text{III}}, t_{33}^{\text{III}}\} + \Delta t \quad\quad (2-25)$$

在电流Ⅰ段和Ⅱ段以及断路器都可以正常工作的前提下，电流Ⅲ段的继电器仅仅启动，由于延时比较长，所以一般不动作于跳闸。在电流Ⅰ段和Ⅱ段或者断路器拒动的时候，电流Ⅲ段的延时才能够走到头，才发出跳闸命令，因此电流Ⅲ段也称为后备保护。

电流Ⅲ段作为后备有两个角色。第一个角色是作为同一地点保护安装处的Ⅰ、Ⅱ段拒动后的后备，因为安装在同一处，因此称为近后备。另外一个角色，在下一级变电站和断路器拒动的时候，它要起到后备的作用，那么这种后备叫作远后备，因为安装在异地。除了这两种后备作用之外，还有一种叫作断路器的失灵保护。

接下来把电流Ⅰ、Ⅱ、Ⅲ段放在同一个坐标系（图2-15）里面，来观察它们之间的配合关系。首先以AB线路保护2为例，保护2的Ⅰ段整定值应该是最上方的水平线对应的纵坐标值 I_{set2}^{I}，保护1的Ⅰ段整定值如图2-15中 I_{set2}^{II} 所示，那么保护2的Ⅱ段要和保护1的Ⅰ段去配合，最下面的折线表示的是最大的负荷电流。在整定Ⅲ段时，原则是要躲过最大的负荷电流，也就是说最大负荷电流产生的时候保护Ⅲ段不能动作，因此定值高一些，那么最下面这一条水平线表示的就是保护2的Ⅲ段定值。

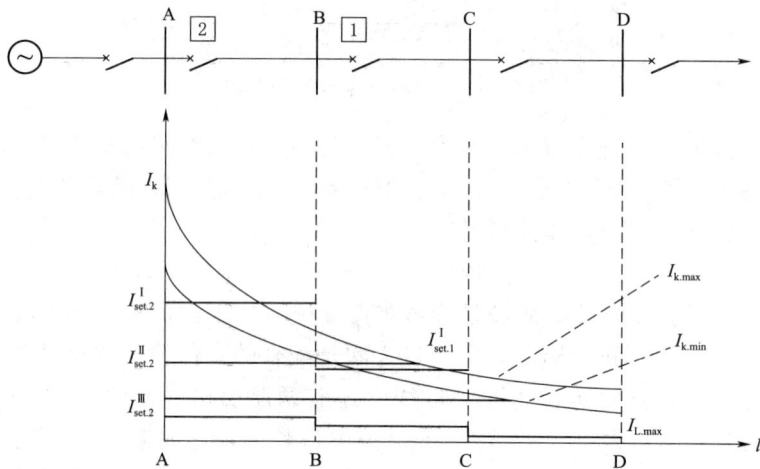

图2-15 电流的相互配合关系

图2-16显示了保护2的Ⅲ段的保护范围。最下面一行显然是保护2的Ⅰ段，不能保护全长，再往上一个是保护2的Ⅱ段，保护了全长。延伸到了下一级线路保护1的Ⅰ段的范围之内，最上面这一根线表示的是保护2的Ⅲ段保护范围，既作为本线路全长的近后备，又作为相邻下一级线路全长的远后备。同样道理，从低到高分别表示保护3的Ⅰ、Ⅱ、Ⅲ段，保护范围分别是保护3所在线路的一部分、延伸到相邻下一级线路的保护Ⅰ段范围内，以及第Ⅲ段既作为本线路全长的近后备保护，也作为相邻线路保护2所在线路全长的远后备。保护4的Ⅲ段范围和保护3类似。不管是保护2还是保护3、保护4，Ⅲ段的保护几乎都是0.5s。而Ⅲ段就存在了保护4的Ⅲ段和保护3的Ⅲ段配合，保护3的Ⅲ段和保护2的Ⅲ段配合，存在一个时间的阶梯。

最后一步，灵敏度的校验。同Ⅱ段一样，用灵敏系数来表示Ⅲ段的灵敏度。灵敏系数等于保护范围内发生金属性故障的最小短路电流与保护装置整定值之比。那么什么情况下会有最小短路电流？

最小的短路电流对应最小运行方式，即本线路或相邻线路末端的两相短路，这两个是

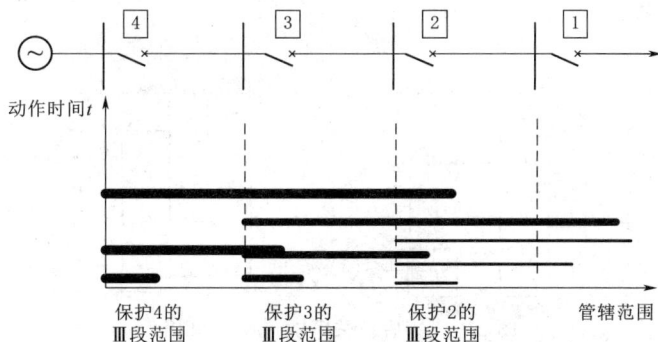

图 2-16 Ⅲ段之间的时间配合关系及其管辖范围

条件。那么作为灵敏度的校验，灵敏系数当然有两种计算方式。第一个角色，当它做近后备的时候，灵敏系数就应该用本线路末端也就是 B 母线处发生的最小短路电流除以Ⅲ段的整定值，这说明如果它满足要求（即≥1.3～1.5 时），这就说明保护 3 的Ⅲ段对 AB 线路各点处发生任何类型的故障都能够可靠地动作。第二个角色，当它做远后备的时候，远后备是因为安装在异地，保护 3 作为 BC 线路保护 2 的远后备，那么它的计算应该是能保护 BC 线路的全长。同样道理，分子上换成了在 C 母线处发生的最小的短路电流，这个比值比近后备的要求略低，大约等于 1.2 即可。

（1）近后备要求：

$$K_{\text{sen.3}} = \frac{I_{\text{k.B.min}}}{I_{\text{set.3}}^{\text{Ⅲ}}} \geqslant 1.3 \sim 1.5 \tag{2-26}$$

（2）远后备要求：

$$K_{\text{sen.3}} = \frac{I_{\text{k.C.min}}}{I_{\text{set.3}}^{\text{Ⅲ}}} \geqslant 1.3 \sim 1.5 \tag{2-27}$$

既然灵敏度是用保护范围内最小短路电流除以保护整定值，那么我们还要考虑保护 1～3 的Ⅲ段之间的灵敏系数应该如何配合。需要注意，越远的线路的保护Ⅲ段的灵敏系数应该是最高的。最灵敏的话就能保证停电面积最小。因此，它们的配合关系是：离电源最远的保护 1 的最大，然后是保护 2 的灵敏系数，最小的是保护 3 的灵敏系数。

接下来讨论原理接线，与限时电流保护类似，主要区别在于时间继电器的时间整定值不同。限时电流速断保护时间继电器的整定值一般是固定的，经验值是 0.5s。但是Ⅲ段的整定值并不是固定的，而是存在一个阶梯原则。

对过电流保护进行评价。简单可靠，动作时限和短路电流的大小无关，这是它的优点。故障靠电源越近，短路电流越大，但是像这种满足时间阶梯原则的过电流保护，它切除故障的时间就会越长，这是它的缺点。

下面举例说明近后备、远后备的关系。以两段线路为例，保护分别是保护 2、保护 1，分段保护都采用三段式电流保护。如图 2-17 所示，保护 2 有Ⅰ段、Ⅱ段和Ⅲ段，用①、②、③的三个符号来表示这三种保护，保护 1 处也有三种保护，那么分别记为④、⑤、⑥，也是电流的Ⅰ段、Ⅱ段和Ⅲ段，那么它们之间的配合关系又是什么？保护 2 的第三段保护也叫做过电流保护，它既可以作为保护 2 的①和②的近后备，也可以作为保护 1 的

④、⑤、⑥的远后备。

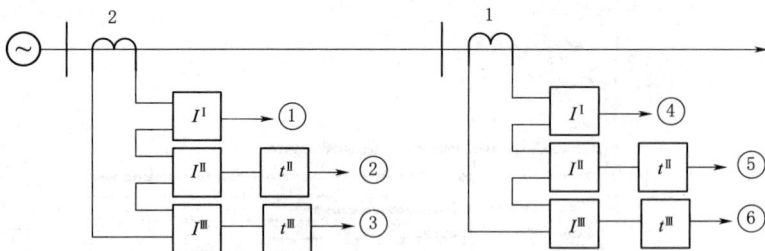

图 2-17 后备关系的说明（单相）

定时限过电流保护的整定原则有两个，第一个是躲过最大的负荷电流，另外一个是躲过电动机的最大自启动电流。当然两个条件里面要最终选一个比较苛刻的最大电流值作为最终的整定值，这是定值。第二个是时间的整定。和Ⅰ段、Ⅱ段都不一样，电流Ⅲ段即过电流保护的整定时间满足时间阶梯的原则。它需要上下级电路的配合。在灵敏度方面也有两个角色，一个是作为本线路的近后备保护时要计算灵敏系数，另外一个是作为相邻下一级线路的远后备，那么同样也要计算灵敏系数，两个系数要求有所不同。

第 17 课 三段式电流保护的接线与评价

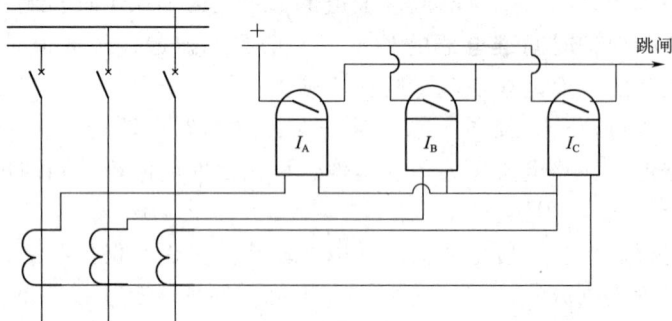

电流继电器的输入来自电流互感器的二次侧。那么三相交流系统中，三段式电流保护如何与 TA 的二次相连接？三相中的每一相三个电流保护之间又如何连接？这节课将研究这些内容。

三段式电流保护的接线、评价

电流保护的接线方式指的就是电流继电器与电流互感器二次线圈之间的连接方式如何。目前的做法有两种，一种是三相星形接线，一种是两相星形接线。如图 2-18（a）所示，是三相星形接线，每一相 A、B、C 三相都接有电流继电器。另外一种是三相里面去掉一相，通常是 B 相，只有两相装有电流继电器 ［图 2-18（b）］。

（a）三相星形接线　　　　　　（b）两相星形接线

图 2-18 电流保护的接线方式

接下来进行三相星形接线和两相星形接线的性能比较。首先分析的故障是三相短路。对于大部分的相间短路，适用于中性点直接接地电网和非直接接地电网，两种接线方式都能够直接动作。但不同的是，三相星形接线和两相星形接线动作的继电器数量是不一样的。

第二种故障研究两相相间短路。由于两相星形接线中其中有一相（通常是 B 相）是不接继电器的，所以两相星形接线不能反映中性点直接接地电网的 B 相接地短路。这个是两者的不同。特殊情况是异地两点接地短路。在小电流接地系统中，允许单相短路故障发生以后继续短时运行不超过 2h。因此，当异地两点接地的时候，只希望切除一个故障点，另外一路可以保留持续对负荷供电。那么，对于两相星形接线来讲，上面的称为第 Ⅰ 回线，下面的称为第 Ⅱ 回线。采用两相星形接线方式，因此两回线的 B 相都不接继电器。

接下来分别进行第 Ⅰ 回线和第 Ⅱ 回线的异地两点故障组合（图 2-19）。比如第 Ⅰ 线的 A 相和第 Ⅱ 回线的 B 相同时发生了短路的接地故障，那么结果是什么样？因为第 Ⅱ 回线 B 相没有装设继电器，也没有装设互感器因此不能够反应这个故障，所以只能由第 Ⅰ 回线的 A 相来跳闸，跳掉第 Ⅰ 回线，这是第一种情况。第二种情况，第 Ⅰ 回线的 A 相和第 Ⅱ 回线的 C 相，这两相因为都装设有继电器或者说都装设有电流保护，所以两相都会跳闸，那么就会导致两回线都停电。第三种情况，第 Ⅰ 回线的 B 相和第 Ⅱ 回线的 A 相同时发生了接地短路，那么由于第 Ⅰ 回线的 B 相没有装设电流继电器，因此第 Ⅰ 回线持续供电，第 Ⅱ 回线的 A 相装设有保护，所以要跳闸，那么这种情况下仅跳第 Ⅱ 回线。第四种情况，第 Ⅰ 回线的 B 相以及第 Ⅱ 回线的 C 相类似的情况，结果也是保留第 Ⅰ 回线继续供电，第 Ⅱ 回线跳闸。第 Ⅰ 回线 C 相和第 Ⅰ 回线的 A 相发生短路的时候，我们通过分析知道，由于都装设有电流保护所以都要跳闸。最后一种情况是，第 Ⅰ 回线的 C 相和第 Ⅱ 回线的 B 相，那么显然也是仅仅跳掉第 Ⅰ 回线，第 Ⅱ 回线持续供电。

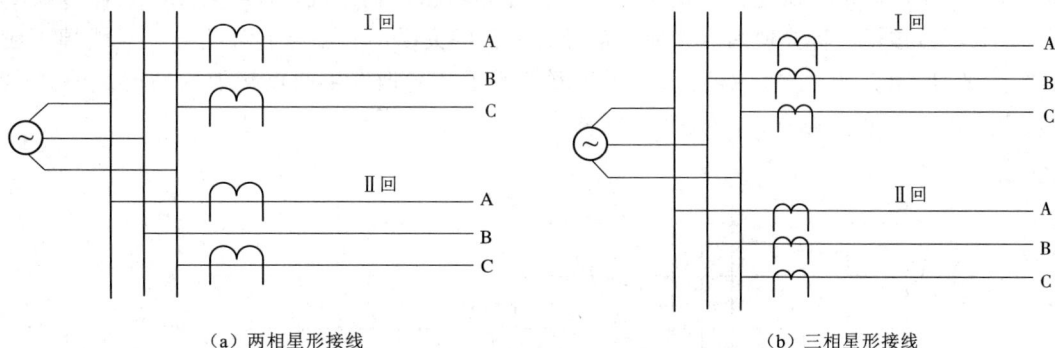

（a）两相星形接线　　　　　　　　　　（b）三相星形接线

图 2-19　异地发生两点接地情况

总的来说，仅跳一回线是一种比较有利的情况。那么我们看，在这个时候两相星形接线方式在大部分情况下表现还是不错的。对于两相星形接线方式来说，同名相发生两点接地时不希望跳闸。在这种两回线路是并联关系的情况下，各种异名相发生两点接地，在三相星形接线方式下都是将两回线跳掉。为什么？因为它们每一相都装有电流继电器，所以只要有故障都会两相同时跳掉。从这一点来讲，三相星形接线方式的供电可靠性显然是不如两相星形接线方式。无论是两相星形还是三相星形接线方式，同名相发生两点接地都是不需要跳闸的。因为两相星形接线方式有两回线的两个相别（两回线的 B 相）都是没有继电器的，所以从这一点来讲，两相星形接线方式要比三相星形接线方式更胜一筹。

除了刚才这种两回线路并联的情况，实际中还遇到异地两点接地还有两回线存在上下级，也就是串联的电路关系。那么在这种关系下再去考量两相星形接线优、还是三相星形接线好。

先分析两相星形接线，同样上下两回线都只有 A 相和 C 相接了互感器以及电流继电器。分析各种故障的组合：

（1）第一种情况，上游的 A 相和下游的 B 相发生了短路故障时，因为 A 相装有保护，所以在上游就把故障断开，把线路切掉了，那么两回线都会造成停电。

（2）第二种情况，上游的 A 相和下游的 C 相发生了故障，因为上下级之间有配合关系，所以仅仅跳掉下游的第Ⅱ回线，这个是有利的。

（3）第三种情况，上游的 B 相和下游的 A 相发生了故障，这个时候上游 B 相没有装设保护所以不会跳，那么 A 相肯定要跳，因此仅跳了下游，这个也是理想的。

（4）第四种情况，上游的 B 相和下游的 C 相发生了故障，同样也是直跳下游的这条线。

（5）第五种情况，上游的 C 相和下游的 A 相发生了故障，它们之间是有配合关系的，都有继电保护装置所以仅跳掉第Ⅱ回线路。

（6）最后一种情况，上游的 C 相和下游的 B 相发生了故障，和第一种情况类似，也就是下游的 B 相没有装有保护，上游的 C 相安装有电流保护或者说电流继电器，所以率先由 C 相的保护动作去把第Ⅰ回线，也就是上游的这一回线切除掉了。那么直接造成两回线停电。因为它们是串联的关系，所以第一种情况和最后一种情况应该不太理想。我们是希望使得停电面积尽可能地小，能使下游的断电就不要让上游停电。

对于三相星形来说情况就比较简单了。各种异名相也就是说 AB 或者 AC 或者 BA、BC 以及 CA、CB 这样一种异地两点接地，都具有配合的关系，上游与下游配合，只跳掉下游。如图 2-20 所示，图 2-20（a）表明了串联关系下，异地发生两点接地的情况。图 2-20（b）表示的是并联异地发生两点接地短路的情况。

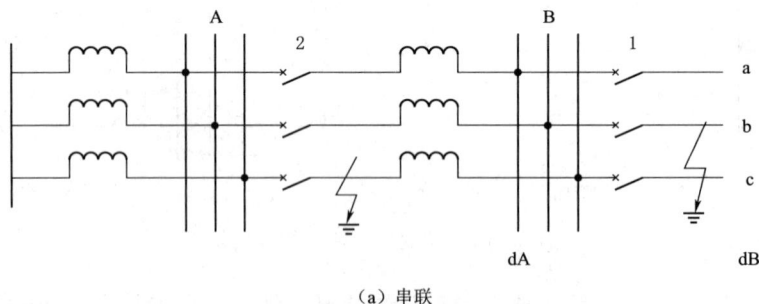

（a）串联

图 2-20（一） 异地发生两点接地短路示意图

通过刚才的分析我们知道，对于串联的情况两相星形接线是不利的，而对于并联的情况两相星形接线是有利的。表 2-1、表 2-2 把所有的情况都统计了进去。

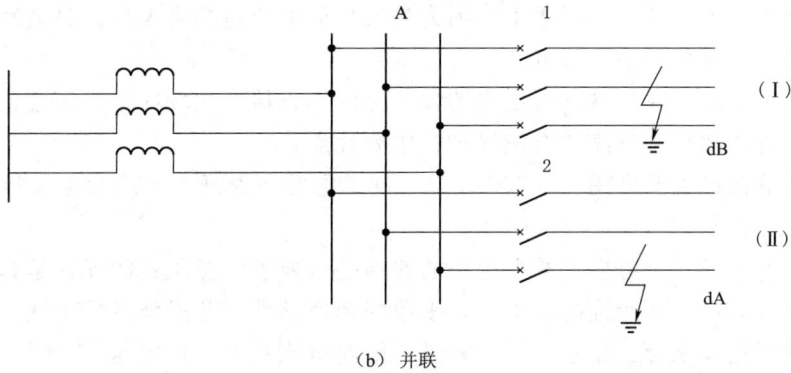

（b）并联

图 2-20（二） 异地发生两点接地短路示意图

表 2-1　　　　　　　　　　　　串联线路的故障组合情况

进线侧接地相别	A		B		C	
第Ⅰ回线	B	C	A	C	A	B
三相星形接线切除的线路	第Ⅱ回线	第Ⅱ回线	第Ⅱ回线	第Ⅱ回线	第Ⅱ回线	第Ⅱ回线
两相星形接线切除的线路	前相线 ×	第Ⅱ回线	第Ⅱ回线	第Ⅱ回线	第Ⅱ回线	前相线 ×

表 2-2　　　　　　　　　　　　并联线路的故障组合情况

第Ⅰ回线的接地相别	A		B		C	
第Ⅱ回线的接地相别	B	C	A	C	A	B
三相星形接线切除的线路	第Ⅰ回线 第Ⅱ回线	第Ⅰ回线 第Ⅱ回线	第Ⅰ回线 第Ⅱ回线	第Ⅰ回线 第Ⅱ回线	第Ⅰ回线 第Ⅱ回线	第Ⅰ回线 第Ⅱ回线
两相星形接线切除的线路	第Ⅰ回线 ×	第Ⅰ回线 第Ⅱ回线	第Ⅱ回线 √	第Ⅱ回线 √	第Ⅰ回线 第Ⅱ回线	第Ⅰ回线 √

在小电流接地系统中，由于同一母线上的引出线较多，更类似于引出线呈并联的这样一种关系。所以在引出线上分别发生一点接地的概率比较大，往往采用两相星形接线。

三相星形接线，由于它的成本较高，广泛应用在发电机、变压器等大型贵重的电气设备的保护中，能够大大提高保护动作的可靠性和灵敏性。两相星形接线，由于辐射线路普遍较多，同时，两相星形接线方式较为简单、经济。因此，在小电流接地电网中被广泛作为相间短路的接线方式。

需要注意的是，两相星形接线时，应该在所有线路上将保护安装在相同的两相上。也就是说，一般都装设在 A 相和 C 相上，而 B 相是不装设的。

接下来对三段式电流保护进行总体的评价以及应用的介绍。

选择性，通过动作电流、动作时间来保证选择性。在单电源辐射电网中可以获得选择性。

速动性，Ⅰ段和Ⅱ段分别是无时限速断和带时限的速断，而这两个保护速动性较好。而第Ⅲ段过电流保护通常不能满足速动性的要求。

灵敏性，在运行方式变化比较大的时候，速断保护有可能无法满足要求。被保护线路很短的时候，速断保护常常无法满足要求，也就是没有保护范围。对于长线路重负荷线路，过电流保护的灵敏度常常也很小。因为最大负荷电流是非常大的。灵敏性受运行方式变化影响大是电流保护的主要缺点。

可靠性，由于电流保护继电器使用的数量比较少，接线比较简单，而且整定计算和校验相对容易，可靠性高是三段式电流保护的主要优点。

三段式电流保护主要应用在 35kV 及以下的单电源辐射网上，或大电流接地系统的末端线路上。

三段式电流保护综合考虑了基电保护的四项基本要求，三段式的配置是非常好的一种设计。在满足可靠性、选择性的前提下，Ⅰ段强调速动性，Ⅱ段强调灵敏性，Ⅲ段保证可靠性。它们三者相互配合、相互兼顾，并且，短路电流越大（危害越大）时，动作越快。

> 三段式电流保护的设计方式和整定原则充分体现了继电保护四个基本要求的设计思想。在以后的保护原理的介绍中，也将充分体现继电保护四个基本要求。

第 18 课　规定"正方向"

区别于单侧电源辐射形网络，双侧供电系统的每一条母线处的负荷，都至少可以从两个方向获得电能。因此，若线路上发生短路故障，必须两端都设有断路器，将故障彻底切除。所以，在双端供电网络中，每条线路两端都各有一个断路器，以及能够动作于该断路器的保护装置。

规定
"正方向"

如图 2-21 所示，双电源及多电源供电可靠性更高。无论何种原因，使得断路器 1 和断路器 2 一起跳开，变电站 M、变电站 N、变电站 P 的供电希望受到的影响都比较小。

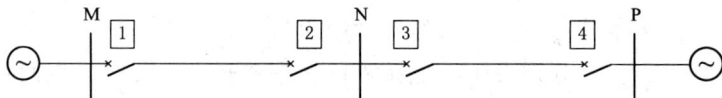

图 2-21　双电源网络示意图

假设线路 NP 上发生故障，那么按照选择性的要求，为了减小停电范围，显然希望故障所在线路对应的断路器 3、断路器 4 跳闸。如果保护 1、保护 2、保护 3 和保护 4 都按照前述方法进行整定，在线路 NP 上发生短路的时候，如果短路电流 I_k 大于保护 2 和保护 3 的定值，则保护 3 属于有选择性地动作于跳闸，但是保护 2 的动作行为就属于误动。

那么，保护 2 不满足选择性的要求，如何解决？显然，应该找到保护 2 和保护 3 的差异，从而让它们做出不同的输出反应。

为了解决以上问题，规定继电保护工作的正方向：由继电保护安装处指向被保护元件。特别地，对于线路来说，保护的正方向这样规定：由母线指向线路。

根据这个规定，如图 2-22 所示，4 个虚线箭头，分别表示保护 1、保护 2、保护 3、保护 4 的规定正方向，保护 1 是由母线 M 指向保护 1 所在的线路 MN，就是从左向右的；保护 2 的正方向是由其所在母线 N 指向保护 2 所在的线路 MN，是由右指向左。保护 3 和保护 4 同理。实线箭头表示 K1 点发生短路时，由左侧电源向短路点提供的短路电流的流向。此时发现保护 2 和保护 3 有了差异：保护 2 的规定正方向和 I_k 的方向相反，而保护 3 的规定的正方向和 I_k 方向相同。顺着这个思路，试图设计一种方法，能够区分 I_k 是正方向还是反方向，并且只让对应正方向的保护动作，那么问题就迎刃而解了。

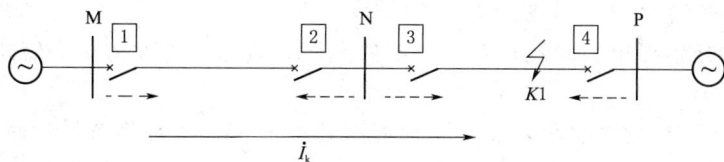

图 2-22 双电源相间短路时电流流向

分析到这里，问题就转化成了如何区分方向。区分方向，实现这一功能的元件，称为方向元件。若要进行方向的区分，不能像电流继电器一样，单纯地用一种输入电流的数值和整定值去比较。区分方向必须要至少采用两个电气量的向量进行比较。根据经验，我们采用的是能够获得的电气量。保护安装处的电压，称为测量电压，流过保护安装处的电流，称为测量电流，下标 m 表示的是测量的意思。以这个系统中的 K1 点短路为例，N 处的母线电压即测量电压视为 $\dot{U}_m$，母线 N 到 K1 点之间的线路阻抗称为 Z_k。

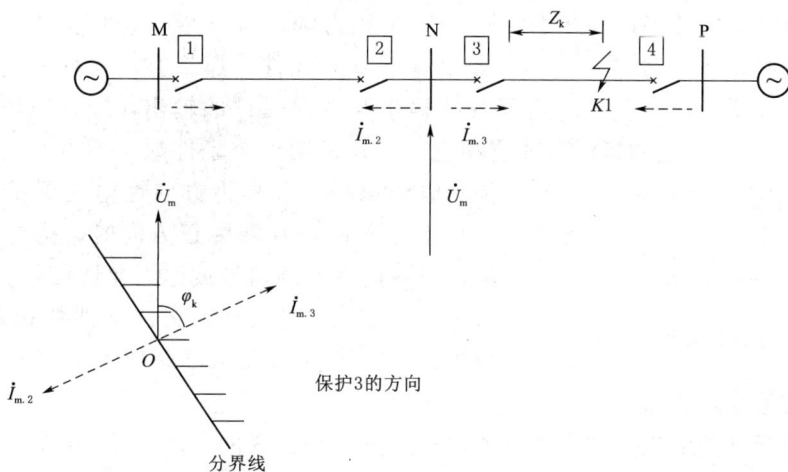

图 2-23 电压、电流方向的矢量图分析

按照标定的方向，由电路原理可以得到，$\dot{U}_m = Z_k \dot{I}_{m.3}$。$\dot{I}_{m.3}$ 指的就是流过保护 3 的测量电流。它又等于流过保护 2 的测量电流的负值乘以 Z_k。矢量图以 $\dot{U}_m$ 为参考量，$\dot{I}_m$ 落后 φ_k 这么大。φ_k 指的是线路的阻抗角。而 $\dot{I}_{m.3}$ 的反向延长线就是 $\dot{I}_{m.2}$。二者之间，垂直平分线将其分割，称为分界线。分界线的右边，即为保护 3 的正方向。也即，以 $\dot{U}_m$ 为参考向量，当测量电流落在分界线的右侧时，我们认为此时的短路故障是发生在保护 3 的正方向，接着，仅仅当满足正方向条件时，保护才会动作，去启动断路器跳闸。

假如实现了上述的"短路方向"的判别，那么，只要在方向相同的保护之间进行配合就可以了。在图 2-23 中，保护 1、保护 3、保护 5 朝着同一个方向，它们的正方向都是从左侧指向右侧，可以相当于忽略右侧的电源，仅仅由左侧电源供电。这和单侧电源供电网络中的保护情况有点类似。可以通过"短路方向识别"，使右侧电源相当于不产生影响。类似地，保护 2 和保护 4 的规定正方向都是从右向左，视为同一方向。可以通过短路方向的识别，使得左侧电源相当于不存在。这样就可以很方便地利用前面介绍的单侧电源的设计和配置方法，来解决这个问题。

回到本堂课开始提出的问题，双侧电源的问题，就归结为如何区分短路的方向。

> 在电力系统继电保护中，规定正方向往往是由保护指向被保护元件。对于具体的线路保护来讲，一般是由母线指向线路为规定的正方向。正方向的判别是由方向元件去完成的。那么方向元件如何判别方向，将是我们下一节课要研究的内容。

第 19 课　方向性电流保护的基本原理

上节课我们知道，增设方向元件可以将双侧电源供电网络的保护问题转化为单侧电源供电网络的阶段式电流保护。方向元件如何判别方向？这堂课来解决这个问题。

方向性电流保护的基本原理

首先理清方向电流保护的基本原理。以 A 相为例，当 A 相电流值大于整定值时，经过必要的延时进行跳闸。如果有了方向元件，那么方向元件和电流元件之间的关系应该如何？电流元件的输出和方向元件的输出，经过逻辑"与"以后，再经过一定的延时，才启动跳闸。这说明两个条件缺一不可。这种有方向元件的电流保护，又称为方向性电流保护。当电流动作且正方向动作判断为正方向时，构成了"与"逻辑，正方向动作的信号被称为允许信号。如图 2-24 所示，当电流元件动作而方向元件判断为反方向时，由于"与"逻辑的关系，保护不会真正动作，这时

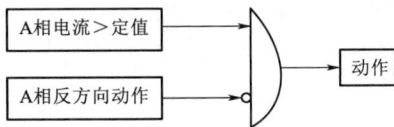

图 2-24　电流保护逻辑示意图

反方向动作信号被称为闭锁信号。

没有方向元件的电流保护中继电器的连接方式是这样的：从 TA（电流互感器）二次侧接出 KA（电流继电器），然后连接 KT（时间继电器），最后发出信号或者跳闸命令。但是，如果有了方向元件，如图 2-25 所示，方向元件 KW 和 KA 之间的连接关系为：它们共用一个来自 TA 的电流作为输入。KW 除了电流之外，还通过 TV（电压互感器）二次侧获得母线的电压。KW 和 KA，即方向元件和电流元件的输出是串联在一起的，说明它们的输出是一个"与"逻辑关系，只有两者同时有输出才会启动下一个 KT 时间继电器。后续电路与无方向元件的保护相同，图中的正号表示的是二次回路的工作电源。

以三相短路为例来解释方向元件的工作原理。如图 2-26 所示，阴影部分是动作区，参考向量是用 $\dot{U}_m$、$\dot{I}_m$，二者之间的夹角落后 φ_k，即短路阻抗角。以电压 $\dot{U}_m$ 为参考向量，测量电流的矢量落在阴影部分，即为动作，以此列出相位比较方程。参照图 2-26 可以得到正方向的识别角度，即 $\arg \dot{U}_m / \dot{I}_m$，指的是电压超前测量电流的夹角。超前的这个角度

φ_k 应该在顺时针、逆时针各扩大 90°的范围之内，称为方向元件的相位比较方程。其中的 $\dot{U}_m$ 和 $\dot{I}_m$，正好都是很容易获得的测量量。

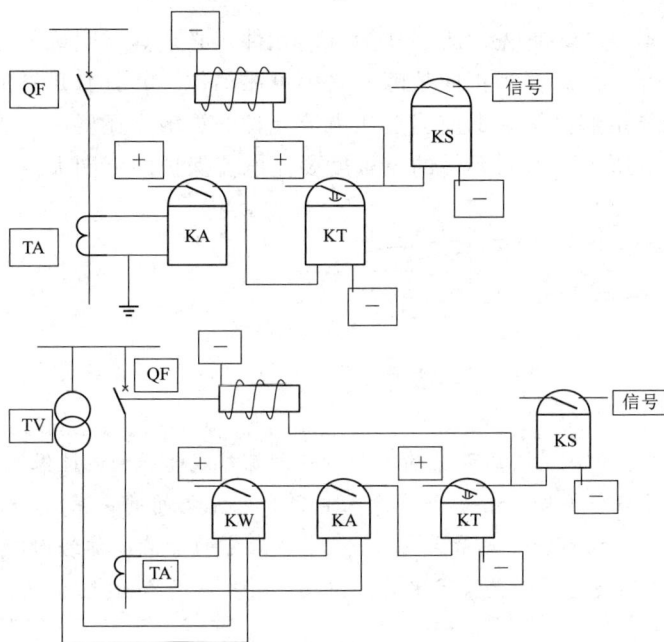

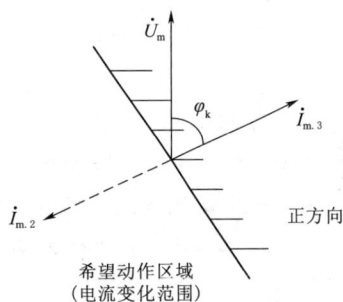

图 2-25　继电器连接原理图　　　　图 2-26　方向元件工作原理矢量图

将如何判别方向的问题转化为两个输入测量向量之间的夹角是否在一定范围的问题。

其实，这将工程实际的物理问题转化成数学问题的过程，也是一个数学建模的过程。刚才分析到，电压和电流之间的夹角减去 φ_k 在 $-90°\sim90°$ 时，在相量图中就是位于第一象限和第四象限。

用这个角度的余弦来表示。我们知道在第一象限和第四象限所有角度的余弦值都为正，那么正好可以用 $P=U_m\times I_m\times \cos(\varphi-\varphi_k)$ 是否大于 0 这样的表达形式，替换角度的表达形式。这种表达，和有功功率的表达是一致的，因此也称为功率方向元件。

显然，功率方向元件的输入有两个量：一个是保护安装处的母线电压，一个是流过保护的电流，分别记为 $\dot{U}_m$ 和 $\dot{I}_m$。φ 就是二者之间的夹角。当这个夹角之差，在 $-90°\sim90°$ 的范围的时候，输入有功功率 P 是大于零的。

如图 2-26 所示，在这个矢量图中，当测量电压和测量电流的夹角，恰好等于 φ_k 的时候，$U_m\times I_m\times \cos(\varphi-\varphi_k)$ 将出现最大值。称此时 φ_k 就是最大灵敏角，用 φ_{sen} 来表示。这是第三个角度——最大灵敏角。

在工程中，又将最大灵敏角的负值称为功率方向继电器的内角，用 α 来表示，它等于 $-\varphi_{sen}$，这是本节课出现的第四个角度。

要实现方向的判别，不仅要求两个输入量夹角满足一定的要求，方向元件的两个输入电气量，每一个都需要设定最小的门槛。这个门槛要求在电流保护第三段末端发生短路的时候，保护安装处的测量电流电压一定要大于这个门槛值，即末端短路时方向元件必须能够可靠动作，否则会影响保护的灵敏度。假设任意数量太小或者几乎为零的时候，比如电压互感器 TV 二次断线，没有办法获得测量电压时，方向元件就没有输出。那么，这个方向元件就不能够正常工作。

总结一下对功率方向元件的基本要求，首先，既然作为方向元件，必须具有明确的方向性，引入方向元件的作用就在于此。然后，当正向故障时必须可靠动作，并具有足够的灵敏度，这说明判断正方向的功能要足够灵敏，那应当要比电流元件的灵敏度还要高，否则会影响保护的灵敏度。如图 2-27 所示，方向元件的灵敏度要比电流保护的范围大。

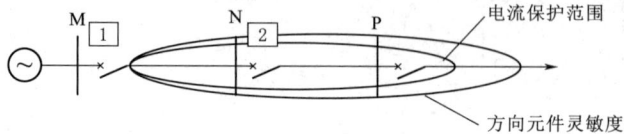

图 2-27 方向元件基本要求

方向元件进行方向判别要有两个输入量。这两个输入向量分别是母线电压和流过保护安装处的电流。另外我们知道有四个角度，第一个是输入电压和电流之间的夹角 φ，另外一个是线路上的短路阻抗角 φ_k，还有一个是最大灵敏角 φ_{sen}，及它的负值 α 称为内角。功率方向元件在输入两个测量的夹角等于最大灵敏角的时候，有最大的输出。

第20课 方向元件工作原理

工程中往往采用功率方向继电器实现方向判别。方向元件应该如何接线？即应该引入什么测量电压和测量电流？上节课采用的接线方式是否可行？有没有短路故障的保护死区？功率方向继电器是否能够像电流继电器那样进行整定？带着这些问题，这节课来讨论方向元件正确的接线方式。

方向元件
工作原理

首先对方向元件的接线方式提出以下要求：①在正方向任何短路时都能动作，反方向不动作；②接入的电压、电流尽可能大。

目前，相间短路的方向元件较多地采用一种称为 90°接线方式（图 2-28）。首先有两个假设条件：三相对称，意味着 $\dot{U}_A$、$\dot{U}_B$、$\dot{U}_C$ 大小相等，相位互差 120°。假设 $\dot{I}_A$ 和 $\dot{I}_A$ 之间的夹角为零，就意味着 $\dot{U}_A$ 和 $\dot{I}_A$ 同方向。

在以上两个条件下，引入功率方向继电器的电流和电压的夹角为 90°，所以称为 90°接线方式。以 A 相为例，引入 A 相的电流为 I_A，引入 A 相的电压并不是 A 相电压，而是另外两相，BC 两相的线电压 U_{BC}。按照刚才的假设，按照 90°接线方式的定义，引入 A 相的电压 U_{BC} 在这里就和 I_A 之间的夹角为 90°，如图 2-37 所示。那么同样道理，B 相引入的电流为 I_B，电压为另外两相的线电压 U_{CA}。请注意这里并不是 U_{AC}。对于 C 相，引入的电流是 I_C，引入 C 相的电压是 U_{AB}。

需要指出的是，90°接线方式的假设条件在现实当中是比较难以达到的。这个 90°接线方式仅仅是为了称呼的方便。按照极性和相别进行连接，比如 KWa 表示 A 相的功率方向

继电器，它的电流由 TA 的二次侧引入同极性端，它的电压由 B、C 两相的线电压引入，也注意极性端。图 2-29 表明的是按相连接的逻辑图。图中每一相 A、B、C 三相最后的输出是一个"或"逻辑的关系，也就意味着 A、B、C 三相只要有一相动作最后都会引起跳闸。同时，A、B、C 三相每一相相别之内的情况又是一样的。以 A 相为例，I_A 表示的是电流元件的动作，P_A 表明的是功率方向元件的动作，二者的输出经过一个与门，去启动跳闸。这就意味着，A 相只有在电流元件动作同时功率方向元件也动作，即此时为正方向的时候，才有输出，引起跳闸。B 相、C 相情况类似。

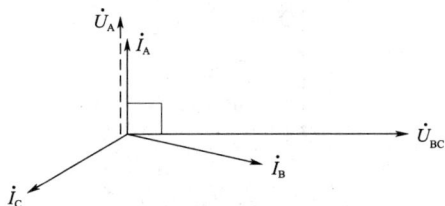

图 2-28　90°接线方式

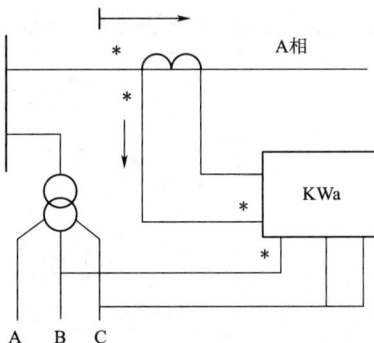

图 2-29　A 相极性连接示意图

接下来研究功率方向继电器的内角如何整定，即是否在各种故障情况下，功率方向继电器都能够正确动作。

首先研究正方向发生三相短路。以 A 相为例，只画出 A 相的电流。A 相电流落后 A 相电压线路阻抗角。按照 90°接线方式的定义，A 相引入的电压应该不是 U_A，而是 U_{BC}。此时 $\dot{U}_{BC}=\dot{U}_B-\dot{U}_C$，根据矢量的减法把它平移到原点处。此时 $\dot{U}_{BC}$ 超前 $\dot{I}_A$ 多少度？

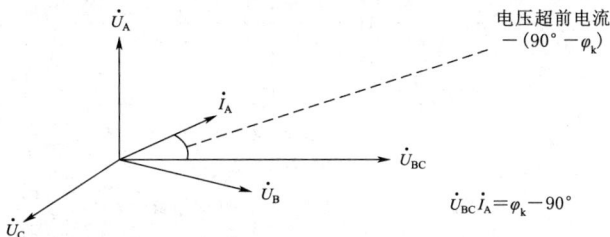

图 2-30　A 相方向元件电压超前电流角度矢量分析图

从图 2-30 很容易观察到，$\dot{U}_{BC}$ 超前 $\dot{I}_A$ $-(90°-\varphi_k)$。由于三相短路是对称性短路，A 相情况如此，B、C 两相情况也是类似的。接下来我们分析正方向发生两相短路的情况。有两种极端情况，近处故障和远处故障。所谓近处我们以 B、C 两相故障为例，故障发生在保护安装处附近，那么故障点和母线之间等值短路阻抗 Z_k 和系统阻抗 Z_s 相比较，Z_k 远远小于 Z_s，可以忽略不计，认为 $Z_k=0$。

由"电力系统故障分析"可知，当故障发生在母线附近的时候，A、B、C 三相的母线电压会变成如图 2-31（a）所示的关系，而电动势 $\dot{E}_A$、$\dot{E}_B$、$\dot{E}_C$ 是不变的。我们研究 B 相的动作情况。我们知道 B 相引入的电压是 $\dot{U}_{CA}$，B 相引入的电流是 $\dot{I}_B$。经过分析可知二者之间的相位关系是：$\dot{U}_{CA}$ 超前 $\dot{I}_B$ —（90°—φ_k）。以此类推，可以得到类似的 C 相的情况。

另外一种极端情况，当短路点远离母线。这个时候短路阻抗 Z_k 和系统阻抗 Z_s 相比，Z_k 远远大于 Z_s。那么，近似 $Z_s=0$。我们来分析一下这种情况下的矢量关系，输入电压和输入电流之间的夹角关系。由于故障点远离保护安装处，所以当发生远处 B、C 两相短路时，母线电压还保持原来的不变，也就是 $\dot{U}_A$、$\dot{U}_B$、$\dot{U}_C$ 不变，但是短路电流 I_B 仍然是由 U_{BC} 产生，将 $\dot{E}_B$ 平移到原点处。经过分析可知，$\dot{U}_{CA}$ 超前 $\dot{I}_B$ 的角度应该是 —（120°—φ_k）。C 相的情况也可以通过这样的解决方法分析，最后的结果是不一样：$\dot{U}_{AB}$ 超前 $\dot{I}_B$ —（60°—φ_k）。

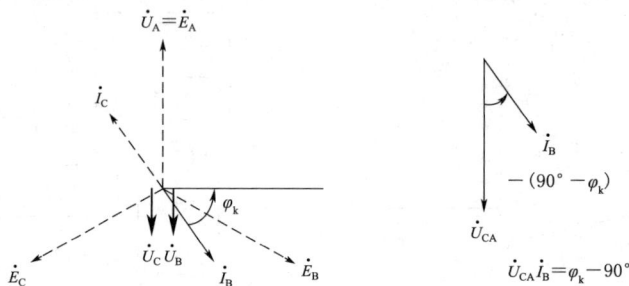

（a）近处BC两相短路

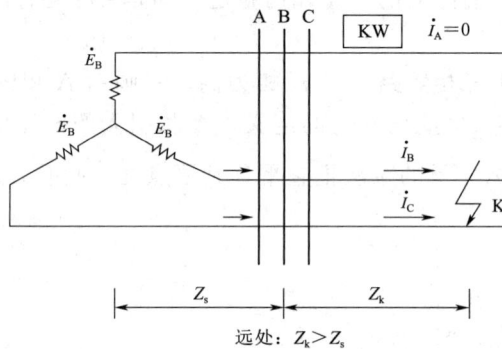

（b）远处BC两相短路

图 2-31 正方向发生两相短路

几乎所有的相间短路的故障都考虑到了。那么，如前所述，在所有的短路故障的情况下，电压超前电流的角度无外乎这三种情况：—（90°—φ_k）、—（120°—φ_k）、—（60°—φ_k）。

通常情况下，小电流接地系统的电路阻抗角是相对固定的，一般在 60°~75° 之间，它不随着线路长度的变化而变化。在各种短路情况下，电压超前电流的角度范围需要详细列写。为了兼顾各种相间短路情况，以便保证各种故障的正方向都能够动作，于是通常取最大的灵敏角为 —30°。在这种情况下，可以说在各种短路故障中，方向元件都可以正确地判断正方向。

最后总结 90° 接线方式的优点。首先，对于各种两相短路都没有死区，因为引入了非故障相的相电压，它在发生故障的时候是不为 0 的，所以没有保护的死区。其次，当适当选择灵敏角或内角之后，都能够照顾到各种短路故障，保证方向性。但是有一个问题，当保护出口处发生三相短路时，A、B、C三相电压都为0，将会出现电压死区。没有测量电压，功率方向元件是不会正确动作的。因此要想办法避免。通常的做法是采用短路前的电压，这个电压称为"记忆电压"。

> 功率方向继电器的90°接线方式下，功率方向继电器的内角的整定，需要满足各种相间短路的需求。

第21课　接地电流保护

一、传统的保护方式

中性点不直接接地电网在发生单相接地故障时，故障电流就是对地的电容电流。由于电容电流很小，对电网的持续运行影响相对于相间短路来说，影响不大。另一方面，三相线电压仍对称，三相负载仍能保持正常运行。因此规程规定，在电容电流小于允许值时，可以最长允许运行2h。

在发电厂和变电所母线上，可以装设单相接地监视装置。监视装置反应零序电压，动作于信号。

1. 绝缘监视

如果出线回路数不多，或难以装设选择性单相接地保护时，可用依次断开线路的方法，寻找故障线路，简称拉路法。

如图2-32所示，通过对母线零序电压的监视，可以知道电网是否有接地故障。当零序电压较大时，值班人员轮流拉开各出线的断路器，如果零序电压消失，说明所拉线路就是故障线路；如果拉开线路后，零序电压依然存在，说明所拉线路不是故障线路，则把所拉开线路上的断路器合上，继续拉下一条线路，直到零序电压消失。

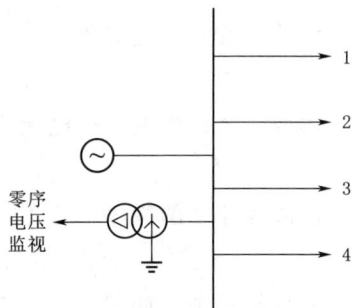

图2-32　绝缘监视示意图

2. 小电流接地选线

如果有条件安装零序电流互感器的线路，如电缆线路或经电缆引出的架空线路，当单相接地电流能满足保护的选择性和灵敏性要求时，应装设动作于信号的单相接地保护。如不能安装零序电流互感器，而单相接地保护能够躲过电流回路中的不平衡电流的影响，例如单相接地电流较大，或保护反应接地电流的暂态值等，也可将保护装置接于三相电流互感器构成的零序回路中。

小电流接地选线功能的实现采用的设计思路是——"分散采集、集中判别"。在单相接地（出现零序电压）时启动选线功能。首先把各出线的零序电流计算出来，然后计算各出线的零序电压与零序电流夹角。最后根据零序电流大小与夹角大小选出故障线路。该方法需要收集各条出线的零序电流与母线的零序电压。

二、保护遇到的难题

中性点不接地系统中，发生接地故障时，由于中性点不接地，只能依靠对地电容构成回路，因此电流很小。由于线路阻抗相对于对地电容阻抗很小，分析时可以忽略线路阻抗。如图 2-33 所示，在 K 点发生 A 相接地故障时，零序电流分布如图 2-33（a）所示。

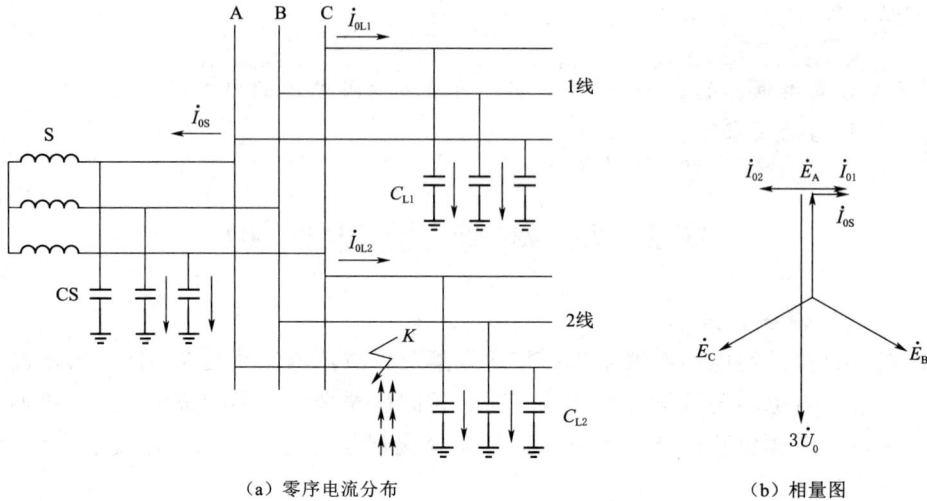

（a）零序电流分布 　　　　　　　　（b）相量图

图 2-33　小电流接地电网的零序分布

接地故障时，故障相电压为 0，非故障相电压为线电压，则零序电压大小计算如下：

$$3\dot{U}_0 = 0 + (\dot{E}_B - \dot{E}_A) + (\dot{E}_C - \dot{E}_A) = -3\dot{E}_A \tag{2-28}$$

线路 1 的零序电流为

$$3\dot{I}_{0L1} = 3\dot{U}_0 \times j\omega C_{L1} \tag{2-29}$$

等效系统提供的零序电流为

$$3\dot{I}_{0s} = 3\dot{U}_0 \times j\omega C_s \tag{2-30}$$

故障线路 2 的零序电流为

$$3\dot{I}_{0L2} = -(3\dot{I}_{0L1} + 3\dot{I}_{0s}) = -3\dot{U}_0 \times j\omega (C_{0L1} + C_{0s}) \tag{2-31}$$

画出相量图，如图 2-33（b）所示。

由此可见，系统各处零序电压相等，为 3 倍的相电压。零序电流为对地电容电流，因此零序电流很小；非故障线路零序电流与电压夹角为 arg $(\dot{U}_0/\dot{I}_0) = -90°$；故障线路的电流为非故障线路电流之和，故障线路零序电流与电压夹角为 arg $(\dot{U}_0/\dot{I}_0) = 90°$。

由于零序电流很小，依靠零序电流构成保护，其灵敏度往往达不到要求。尤其在架空线与电缆混接的变电所，电缆线路的对地电容大，当架空线故障时，故障线路与电缆线路的故障电流接近，此时无法保证选择性。目前，还没有完善的中性点非直接接地电网接地保护。

中性点非直接接地系统发生单相接地后，由于接地电流小，因此在工程实际场景中，当电容电流小于允许值时，可以最长允许运行 2h。目前，绝缘监视功能较为完善，使用效果较好，但由于发生故障后零序电压处处相等，使得选择出接地线路的工作成为继电保护的工作难题，本书所介绍的通过零序电压与零序电流相位关系判别接地线路的方法，在某些现场应用并不理想，需要进一步改进。

第 22 课　零 序 电 流 保 护

一、零序电气量的取得及电气量分析

(一) 电气量取得

1. 零序电流

微机保护根据数据采集系统得到的三相电流值再用软件进行相加得到 3 倍零序电流 $3\dot{I}_0$ (简称"零序电流"),这种方法称为"自产零序电流"。微机保护也采用外接输入零序电流 $3\dot{I}_0$ 方式。

2. 零序电压

零序电压可由三台单相电压互感器(分别接于 A、B、C 相)或三相五柱式电压互感器的辅助二次绕组接成的开口三角获得,开口三角电压即 3 倍零序电压 $3\dot{U}_0$。发电机中性点经电压互感器或消弧圈接地时,可以通过它们的二次侧取得 1 倍零序电压 $\dot{U}_0$。同样,微机保护可根据数据采集系统得到三相电压值再用软件进行矢量相加得到 $3\dot{U}_0$ 值,称为"自产零序电压",在线路保护中 $3\dot{U}_0$ 主要用于判别接地故障时的故障方向。

目前零序电压的获取大多采用自产零序电压方式,开口三角处的 $3\dot{U}_0$,主要用于 TV 断线判别。

(二) 电气量分析

在中性点直接接地电网中发生单相接地短路时,以图 2-34 所示为例进行说明,讨论零序电压、零序电流、零序功率的特点。

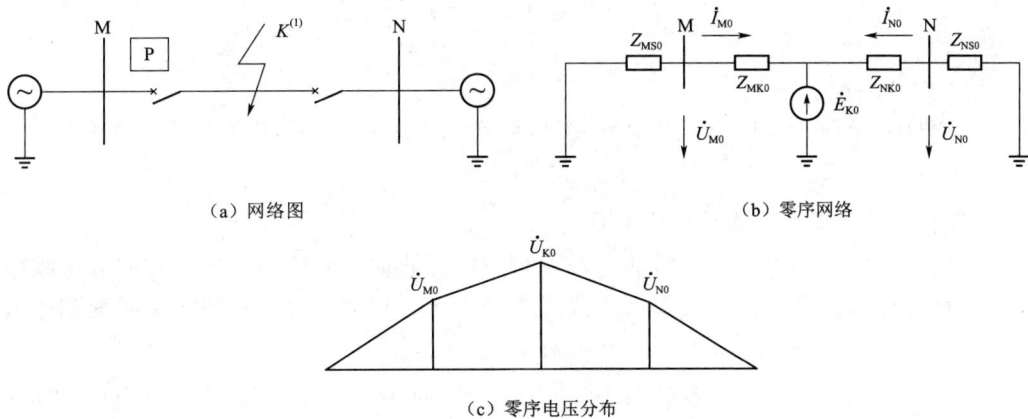

(a) 网络图　　　　　　　　　　(b) 零序网络

(c) 零序电压分布

图 2-34　单相接地短路时零序分量特点图

假定零序电流的参考方向为母线指向大地,零序电压的参考方向指向大地,零序网络如图 2-34 (b) 所示,零序电流可看成是由故障点出现的零序电压 E_{K0} 产生的,图中 Z_{MS0} 和 Z_{NS0} 为 M、N 变压器零序阻抗,Z_{MK0} 和 Z_{NK0} 分别为故障点两侧线路零序阻抗。

1. 零序电压

根据零序网络可写出故障点 K 处和母线 N 处的零序电压分别为

$$\begin{cases} \dot{E}_{K0} = -\dot{I}_{M0}(Z_{MS0} + Z_{MK0}) \\ \dot{U}_{M0} = -\dot{I}_{M0}Z_{MS0} \\ \dot{U}_{N0} = -\dot{I}_{N0}Z_{NS0} \end{cases} \tag{2-32}$$

从式（2-32）可见，故障处零序电压最高，母线处的零序电压为保护安装处背后的等效零序阻抗与零序电流之乘积。画出零序电压分布，如图 4-2（c）所示。

2. 零序电流

故障点 K 处的零序电流为

$$\dot{I}_{K0} = \frac{\dot{E}_{\Sigma}}{Z_{1\Sigma} + Z_{2\Sigma} + Z_{0\Sigma}} \tag{2-33}$$

式中：$Z_{1\Sigma}$、$Z_{2\Sigma}$、$Z_{0\Sigma}$ 分别为系统综合正序、负序和零序阻抗；$\dot{E}_{\Sigma}$ 为故障点故障前的戴维南等效电动势（等同于故障点故障前电压，为正序分量）。

M 侧的零序电流为

$$\dot{I}_{M0} = \dot{I}_{K0}\frac{Z_{NK0} + Z_{NS0}}{Z_{MS0} + Z_{MK0} + Z_{NK0} + Z_{NS0}} \tag{2-34}$$

N 侧的零序电流为

$$\dot{I}_{N0} = \dot{I}_{K0}\frac{Z_{MK0} + Z_{MS0}}{Z_{MS0} + Z_{MK0} + Z_{NK0} + Z_{NS0}} \tag{2-35}$$

根据对称分量法可知故障点 K，正序、负序、零序电压和电流的关系为

$$\left.\begin{aligned} \dot{U}_{K1} + \dot{U}_{K2} + \dot{U}_{K0} = 0 \\ \dot{I}_{K1} = \dot{I}_{K2} = \dot{I}_{K0} = \frac{1}{3}\dot{I}_K \end{aligned}\right\} \tag{2-36}$$

由于正序、负序、零序电流的共轭复数相等，所以各序复数功率之间的关系为

$$\tilde{S}_{K1} + \tilde{S}_{K2} + \tilde{S}_{K0} = 0 \tag{2-37}$$

3. 零序电压与零序电流的相位关系

保护安装处的零序电流以母线流向被保护线路为正向，零序电压的正方向以母线电压为正，中性点电压为负，即母线指向中线点方向为正。正方向接地短路故障时的零序电压电流相量关系如图 2-35 所示。

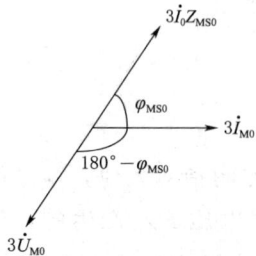

根据图 2-34，分析 M 母线所取得的实际三倍零序电压 $3\dot{U}_{M0}$ 与三倍零序电流 $3\dot{I}_{M0}$ 的关系，可得

$$3\dot{U}_{M0} = -3\dot{I}_{M0}Z_{MS0} \tag{2-38}$$

$$\arg\left(\frac{3\dot{U}_{M0}}{3\dot{I}_{M0}}\right) = \arg(-Z_{MS0}) = 180° + \varphi_{MS0} \tag{2-39}$$

图 2-35 正方向短路故障时零序电压电流相量图

式中：Z_{MS0} 为保护安装处背后元件的零序阻抗；φ_{MS0} 为保护安

装处背后元件的零序阻抗 Z_{MS0} 阻抗角,一般取 $80°\sim85°$。

由式(2-38)和式(2-39)可见,正方向接地短路故障时,零序电压超前零序电流的角度为 $260°\sim265°$(或称其滞后于零序电流 $110°\sim95°$),即取决于 φ_{MS0}。

值得指出,根据此相量关系可见,即使正方向经过渡电阻接地短路故障时,M 母线所取得的实际三倍零序电压 $3\dot{U}'_{M0}$ 与三倍零序电流 $3\dot{I}'_{M0}$ 的关系(图 2-36),可借助于保护安装处至 N 侧的零序阻抗,表示为

$$3\dot{U}'_{M0}=3\dot{I}'_{M0}(Z_{MN0}+Z_{NS0}) \quad\quad (2-40)$$

$$\arg\left(\frac{3\dot{U}'_{M0}}{3\dot{I}'_{M0}}\right)=\arg(Z_{MN0}Z_{NS0})=\varphi'_0 \quad\quad (2-41)$$

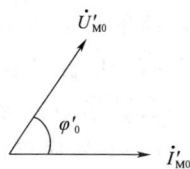

图 2-36 反方向接地短路时零序电压电流相量图

式中:Z_{MN0} 为本线路(MN 母线之间)零序阻抗;Z_{NS0} 为对侧母线(N 母线)背后系统零序等效阻抗;φ'_0 为保护正方向的等效零序阻抗角,一般取 $70°\sim80°$。

由式(2-40)和式(2-41)可见,反方向接地短路故障时,零序电压超前零序电流 $70°\sim80°$,同样过渡电阻 R_g 不影响零序电压与零序电流之间的相位关系。

综合以上分析可知,接地故障时,故障点处的零序电压最高,离故障点越远,零序电压越低,变压器中点处的零序电压降为零。零序电压由故障点到接地中性点逐渐下降;零序电流是由故障点处零序电动势所产生,零序电流的大小和分布,主要取决于输电线路的零序阻抗和中性点接地变压器的零序阻抗及其所处位置,亦即决定于中性点接地变压器的数目和分布。零序电流的分布与电源的数目和位置无关。零序电流的大小,与正序和负序阻抗 $Z_{1\Sigma}$、$Z_{2\Sigma}$ 有关,因此受系统的运行方式影响;零序电流仅在中性点接地的电网中流通,所以零序电流保护与中性点不接地的电网无关;正方向故障时,保护安装处母线零序电压与零序电流的相位无关。在线路正方向故障时,零序功率由故障线路流向母线(通常以母线流向线路的功率为正),所以正方向故障时,保护装置所测得零序功率应为负。在线路反方向故障时,零序功率由母线流向故障线路,所以反向故障时,保护所测得的零序功率应为正。

根据故障分析,可知零序电流与接地故障的类型有关。单相接地和两相接地故障时流过故障点 K 时的零序电流 $\dot{I}^{(1)}_{K0}$ 和 $\dot{I}^{(1,1)}_{K0}$ 分别为

$$\left.\begin{array}{l} \dot{I}^{(1)}_{K0}=\dfrac{\dot{E}_\Sigma}{2Z_{1\Sigma}+Z_{0\Sigma}} \\[4mm] \dot{I}^{(1,1)}_{K0}=\dfrac{\dot{E}_\Sigma}{Z_{1\Sigma}+2Z_{0\Sigma}} \end{array}\right\} \quad\quad (2-42)$$

式中:符号解释同式(2-33)。

由此可知,当 $Z_{0\Sigma}>Z_{1\Sigma}$ 时,单相接地短路的零序电流 $\dot{I}^{(1)}_{K0}$ 大于两相接地短路的零序电流 $\dot{I}^{(1,1)}_{K0}$,因此在求取流过保护安装处的最大零序电流时,可巧妙利用上式,以免增加无效的工作量。

大电流接地电网中,中性点接地变压器的数目及分布,决定了零序网络结构,影响着

零序电压和零序电流的大小和分布。为了保持零序网络的稳定，有利于继电保护的整定，使接地保护具有有效稳定的保护区和灵敏性，希望中性点接地变压器的数目及分布基本保持不变；为防止由于失去接地中性点后发生接地故障时引起的过电压，应尽可能地使各个变电所的变压器保持有一台变压器中性点接地；同时为降低零序电流，在条件允许的情况下应减少中性点接地变压器的数目。

二、阶段式零序电流保护

(一) 零序电流速断保护

零序电流保护能区分正常运行和短路故障，并且能区分短路点的远近，以便在接近故障时较短的时间切除故障，满足选择性的要求。但对于两相短路故障和三相短路故障不能作出反应，因此只能作为接地短路保护的后备保护，一般配置三段式或四段式零序电流保护。零序电流Ⅰ段为无时限电流速断保护，零序电流Ⅱ段为带时限零序电流速断保护，零序电流Ⅲ段为零序过电流保护。

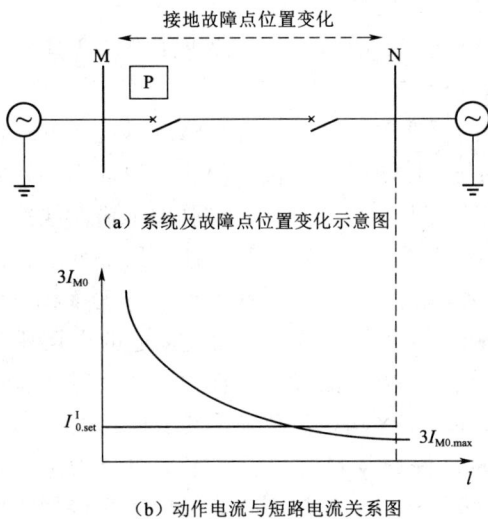

(a) 系统及故障点位置变化示意图

(b) 动作电流与短路电流关系图

图 2-37　零序电流速断保护的动作
电流整定说明图

无时限零序电流速断保护（零序电流Ⅰ段）工作原理，与反应相间短路故障的无时限零序电流速断保护相似，仅反应电流中的零序分量。当在被保护线路 MN 上发生单相或两相接地短路时，故障点沿线路 MN 移动时，流过 M 处保护的最大零序电流变化曲线，如图 2-37 所示。为保证保护的动作选择性，零序电流Ⅰ段保护区不能超过本线路，其动作电流按下述原则整定。

(1) 零序电流Ⅰ段的动作电流应躲过被保护线路末端发生单相或两相接地短路时流过保护安装处的最大三倍零序电流，即

$$I_{0.\,set}^{\rm I} = K_{\rm rel}^{\rm I} \cdot 3I_{\rm M0.\,max} \qquad (2-43)$$

式中：$I_{\rm M0.\,max}$ 为线路末端发生接地故障时流过的最大零序电流；$K_{\rm rel}^{\rm I}$ 为可靠系数，一般取 1.2~1.3。

求取 $3I_{\rm M0.\,max}$ 的故障点应选取线路末端，图 2-34 中 M 处的零序电流Ⅰ段整定时故障点应在 N 处。故障类型应选择使得零序电流最大的一种接地故障，单相或两相接地短路参见式 (2-42)。整定时应按照最大运行方式考虑，即系统的零序等效阻抗最小。

(2) 零序电流Ⅰ段的动作电流应躲过手动合闸或自动重合闸期间断路器三相触头不同时合上所出现的最大三倍零序电流，即

$$I_{0.\,set}^{\rm I} = K_{\rm rel}^{\rm I} \cdot 3I_{0.\,ust} \qquad (2-44)$$

式中：$I_{0.\,ust}$ 为断路器三相触头不同时合闸所出现的最大零序电流。

求取 $3I_{0.\,ust}$ 的方法：

1) 两相先合，相当于一相断线的零序电流，类似于两相接地短路有

$$3I_{0.\,ust}=3\times\frac{\dot{E}_{\mathrm{M}}-\dot{E}_{\mathrm{N}}}{Z_{11}+\dfrac{Z_{22}\cdot Z_{00}}{Z_{22}+Z_{00}}}\times\frac{Z_{22}}{Z_{22}+Z_{00}}=3\,\frac{\dot{E}_{\mathrm{M}}-\dot{E}_{\mathrm{N}}}{Z_{11}+2Z_{00}} \qquad (2-45)$$

2）一相先合，相当于两相断线的零序电流，类似于单相接地短路有

$$3I_{0.\,ust}=3\,\frac{\dot{E}_{\mathrm{M}}-\dot{E}_{\mathrm{N}}}{2Z_{11}+Z_{00}} \qquad (2-46)$$

式中：Z_{11}、Z_{22}、Z_{00} 分别为系统的纵向正序、负序、零序等效阻抗。

取式（2-45）、式（2-46）的较大者代入式（2-44）。$I_{0.\,ust}$ 只在断路器三相触头不同时合上时存在，所以持续时间较短，一般小于 100ms。如果在断路器手动合闸或自动重合闸期间，零序电流 I 段保护增加延时 t（一般为 0.1s），用来躲过断路器三相触头不同时闭合时零序电流，则可不考虑这个整定条件。

（3）零序电流 I 段的动作电流应躲过非全相运行期间振荡所造成的最大三倍零序电流，即

$$I_{0.\,set}^{\mathrm{I}}=K_{rel}^{\mathrm{I}}\cdot 3I_{0.\,unc} \qquad (2-47)$$

式中：$I_{0.\,unc}$ 为非全相运行伴随振荡时的最大零序电流。

求取 $I_{0.\,unc}$ 的公式为

$$I_{0.\,unc}=k\,\frac{E}{Z_{11}}\sin\frac{\delta}{2} \qquad (2-48)$$

式中：k 为断线故障类型有关的系数，单相断线 $k=\dfrac{2Z_{11}}{Z_{11}+2Z_{00}}$，两相断线 $k=\dfrac{2Z_{11}}{2Z_{11}+Z_{00}}$；$\delta$ 为非全相运行时两侧等效电动势之间的夹角，当 $\delta=180°$ 时，零序电流最大，当 $\delta=0°$ 时，零序电流最小。

一般而言，非全相运行伴随振荡时的最大零序电流是上述三点中最大的。如按式（2-47）整定，则整定值比较大，灵敏度比较低。为解决这个问题，可装设两套灵敏度不同的零序电流速断保护，即：

1）灵敏 I 段：按整定条件式（2-43）和式（2-44）整定（两者中取较大者为整定值），或只是按照条件式（2-43）整定，但在手动合闸或自动重合闸期间增加 0.1s 延时。

2）不灵敏 I 段：按整定条件式（2-47）整定。

由于灵敏 I 段在考虑非全相运行伴随振荡时的最大零序电流，动作值较小，灵敏度较高，但在非全相运行时可能误动，因此在非全相运行期间应将灵敏 I 段退出。不灵敏 I 段动作值较高，灵敏度较低，但非全相运行期间不会误动，不灵敏 I 段不必退出运行。

无时限零序电流速断保护的灵敏性要求与相间电流 I 段相同，保护范围要求大于线路全长的 15%～20%。

（二）零序电流限时速断保护

零序电流限时速断保护（零序电流 II 段）动作电流的整定原则与相间短路的限时电流速断保护相似，动作时限应比下一条线路零序电流 I 段的动作时限大一个时限级差 Δt。整定时应注意将零序电流的分流因素考虑在内，如图 2-38 所示，当 NP 线路上 K 点发生故障时，由于 N 母线上存在其他零序电流通路，将造成流过 M 母线保护安装处的零序

电流小于 N 母线流向故障点的零序电流。

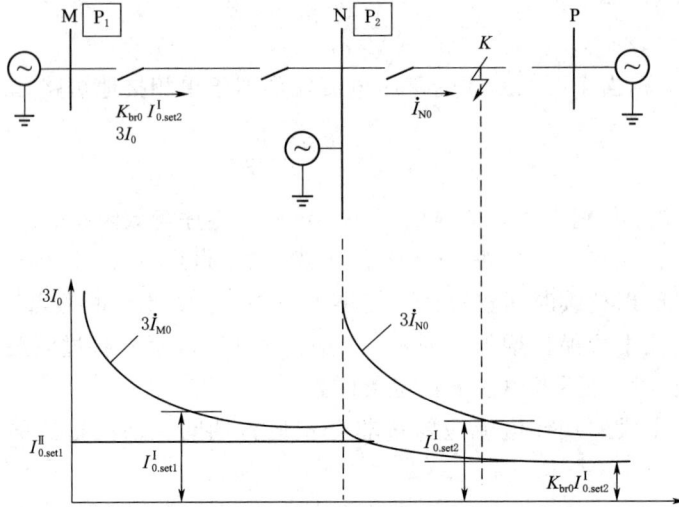

图 2-38　带时限零序电流速断保护动作电流整定说明图

Ⅱ段保护区应不超过相邻线路零序电流Ⅰ段保护区，即躲过相邻线路Ⅰ段保护区末端短路时流过本线路的最大三倍零序电流。

$$I_{0.\,set1}^{II} = K_{rel}^{II} K_{br0} I_{0.\,set2}^{I} \qquad (2-49)$$

式中：$I_{0.\,set2}^{I}$ 为相邻线路保护（如图 2-48 中 P_2）零序Ⅰ段整定值，如有多条相邻线路，则取最大值；K_{rel}^{II} 为可靠系数，一般取 1.1；K_{br0} 为零序分支系数，不大于 1。

零序电流Ⅱ段灵敏度，应按被保护线路末端发生接地短路时的最小零序电流来校验，要求 $K_{sen} \geqslant 1.3 \sim 1.5$，即

$$K_{sen} = \frac{3I_{M0.\,max.\,N}}{I_{0.\,set1}^{II}} \qquad (2-50)$$

应该指出的是，按上述原则整定的零序电流Ⅱ段，在本线路乃至在相邻线路单相重合闸过程中可能启动，故非全相运行时应退出保护，或者设立不灵敏Ⅱ段以躲过非全相运行，或者适当提高动作时限（大于单相重合闸时间）。通常，设立两个Ⅱ段的目的是为了提高上一级零序电流保护的灵敏度或降低动作时间，同时也能完善本线路在非全相运行时的保护功能。

当灵敏度不能满足要求时，可与相邻线路零序电流Ⅱ段配合整定，其动作时限应较相邻线路零序Ⅱ段时限长一个时间级差 Δt。

（三）零序过电流保护

零序过电流保护（零序电流Ⅲ段）在正常时应当不启动，故障切除后应当返回。为保证选择性，动作时间应当与相邻线路Ⅲ段按照阶梯时限原则配合。零序电流Ⅲ段保护范围较长，对于本线路和相邻线路的接地故障，零序过电流保护都应能够响应。

零序电流Ⅲ段的动作电流应躲过下一线路始端（即本线路末端）三相短路时流过本保护的最大不平衡电流 $I_{unb.\,max}$，即

$$I_{0.\,set}^{\text{III}} = K_{rel}^{\text{III}} I_{unb.\,max} \tag{2-51}$$

式中：$I_{unb.\,max}$ 为本线路末端三相短路时流过本保护的最大不平衡电流；K_{rel}^{III} 为可靠系数，一般取 $1.2 \sim 1.3$。

最大不平衡电流按下式计算：

$$I_{unb.\,max} = K_{aper} K_{ss} K_{er} I_{K.\,max}^{(3)} \tag{2-52}$$

式中：K_{aper} 为非周期分量系数，$t=0s$ 时取 $1.5 \sim 2$，$t=0.5s$ 时取 1；K_{ss} 为 TA 同型系数。TA 型号相同时取 0.5，型号不同时取 1；K_{er} 为 TA 误差，取 0.1；$I_{K.\,max}^{(3)}$ 为本线路末端三相短路时流过本保护的最大短路电流。

作为本线路近后备的零序Ⅲ段，其灵敏度按本线路末端接地短路时流过本保护的最小零序电流校验，要求灵敏系数大于 1.3（或 1.5）。当作为相邻线路的远后备保护时，应按相邻线路末端接地短路时流过本保护的最小零序电流校验，要求灵敏系数大于 1.2。此处公式就不再罗列。

动作时间与相间电流保护Ⅲ段整定原则相同。

> 在中性点直接接地的高压电网中，由于零序电流保护简单、可靠，故获得了广泛应用。在我国继电保护的实际工程中，零序电流保护成为了直接接地系统的标准配置之一。

习　题

1. 何谓继电器的继电特性？为什么继电器的动作过程是干脆的？

2. 电流继电器的返回系数大约是多少？返回系数过高或过低时，各有什么利弊？

3. 中性点接地方式有哪几种？各有什么主要的特征和优缺点？

4. 相间电流保护主要针对何种中性点接地方式？在电流保护的整定计算中，需要考虑哪些故障类型？

5. 电流保护Ⅰ段的整定原则是什么？Ⅰ段的可靠系数主要考虑哪些影响因素？

6. 电流保护Ⅱ段的整定原则是什么？依靠什么方法来保证灵敏性和选择性？

7. 电流保护Ⅲ段的整定原则是什么？请写出整定计算公式，并说明各系数的含义和大致的范围。

8. 为什么在电流Ⅲ段保护的整定计算中需要考虑返回系数，而Ⅰ、Ⅱ段保护没有考虑返回系数？

9. 请用继电保护"四性"的要求来评价电流保护Ⅰ、Ⅱ、Ⅲ段。

10. 继电保护的正方向是如何规定的？在短路电流的基础上，通常引用什么电气量才能识别正方向的短路？

11. 方向元件与电流元件相比较，要求哪个元件的灵敏度更高？为什么？

12. 对于 90°接线方式的方向元件，引入的是何种电压与电流？方向元件的最大灵敏角是什么含义？请画出最大灵敏角为 $-30°$ 时的动作区。

13. 相间方向元件为什么会存在"死区"的问题？为什么需要采用记忆电压？应当注意什么事项？

14. 在什么情况下，电流保护Ⅰ、Ⅲ段可以取消方向元件？

15. 在大电流接地系统中，零序方向元件存在出口死区吗？为什么？

16. 在图 2-39 中，系统参数为 $E=115/\sqrt{3}\,kV$，$X_{s.max}=10\Omega$，$X_{s.min}=8\Omega$，线路 AB 的最大负荷电流为 400A，线路单位阻抗为 $0.4\Omega/km$，保护 3 的 $t_3^{\mathrm{III}}=1s$。取 $K_{rel}^{\mathrm{I}}=1.25$，$K_{rel}^{\mathrm{II}}=K_{rel}^{\mathrm{III}}=1.15$，$K_{re}=0.85$，自启动系数为 1.4。请完成保护 1 的Ⅰ、Ⅱ、Ⅲ段整定计算。

17. 在图 2-40 中，设发电机 G1、G2、G3 的参数完全相同，试分析：对于保护 1 来说，何种工况对应于最大和最小运行方式？为什么？

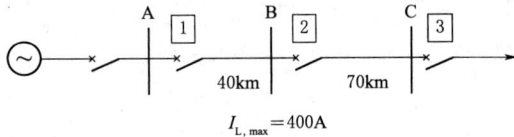

图 2-39 题 2.16 图

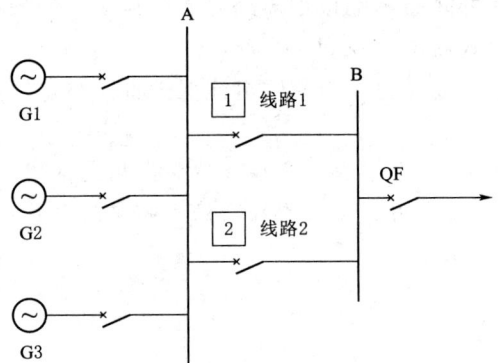

图 2-40 题 2.17 图

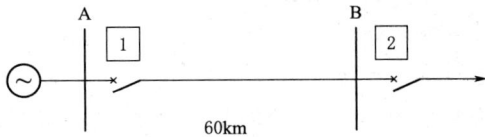

图 2-41 题 2.18 图

18. 某 110kV 单电源系统如图 2-41 所示，其中 $Z_{s.min}=10\Omega$，$Z_{s.max}=13.5\Omega$，线路的单位阻抗为 0.4Ω。在可靠系数 $K_{rel}^{\mathrm{I}}=1.3$ 的情况下，试求：

(1) 保护 1 的电流Ⅰ段整定值，并进行灵敏度验证。

(2) 当线路 AB 的长度减小到 25km 时，重复上述的计算，并分析计算结果。

讨 论

请描述三段式电流保护各段设计思想之间的矛盾与统一性。

距 离 保 护

第二章介绍了各种各样的电流保护，了解了它们的适用范围、保护原理、工作过程、接线方式，以及优缺点。还有哪些经典的保护原理？第三章的距离保护就是其中一个，我们依然从以上几个方面去认识距离保护。不同的是，距离保护比电流保护多了影响因素等问题的分析，将会更加复杂。

第 23 课　距离保护基本原理

距离保护
基本原理

电流保护反映故障电流的大小。它结构简单、经济、工作比较可靠。但缺点也很明显：受系统运行方式变化的影响比较大，难以满足高压以及超高压电网快速、有选择性地切除故障的要求。一般只适用于 35kV 及以下的配电网中。还需要研究其他方式的保护，以克服电流保护的不足。

回顾、归纳短路的主要特征。在系统发生短路时，首先电流幅值会增大，根据这个特点构成过电流保护；电压幅值会降低，根据这个特点可以构成低电压的保护；阻抗也会变化，来构成阻抗保护，或者称距离保护。以上都是根据单端电气量构成的保护原理。

其实，还可以根据两侧电流大小和相位的差别构成纵联差动保护。传统使用较多的有高频保护、微波保护。但是，现在现场中用得比较多的是光纤差动保护。还有，短路时会出现不对称分量，会构成零序或者负序分量的保护。除了以上两个保护之外，还可根据非电气量构成一系列的保护原理。比如，变压器的瓦斯保护，以及过热保护等等。

由式（3-1）可以看出，利用保护安装处测量电压和测量电流之比，构成继电保护的方式称为阻抗保护。

$$\frac{\dot{U}_{\mathrm{m}}}{\dot{I}_{\mathrm{m}}} = Z_{\mathrm{m}} = z_1 l_{\mathrm{m}} \tag{3-1}$$

式中：$\dot{U}_{\mathrm{m}}$，$\dot{I}_{\mathrm{m}}$，Z_{m} 分别为测量电压、测量电流和测量阻抗；z_1 为线路单位长度的正序阻抗；l_{m} 为短路点到保护安装处的距离，km。

输电线路还有这样的特点：这个测量电压与测量电流的比值和 l_{m} 测量的长度，即短路点的距离成正比。如图 3-1 所示系统，短路发生时，短路点到母线，即保护安装处之间的距离，决定了这段阻抗的大小，即测量阻抗的大小。所以，这种保护还能够反映 l_{m}，故也称为距离保护。

如果能够求得 l_m，就能够知道短路点的具体位置。所以，如果计算出具体的数值，这种保护还具有测距的功能。这是之前遇到的保护原理无法实现的功能。

接下来三个短路点的位置如图 3-2 所示。$K1$ 点在保护 1 的正方向，$K2$ 点也在保护 1 的正方向。$K1$ 和 $K2$ 的不同是，距保护安装处的远近不同。或者说，它们的测量阻抗是不一样的。测量阻抗与短路点和保护的距离成正比。$K3$ 点，位于保护 1 的反方向，那么测量阻抗，必然是负值，数值等于单位长度的正序阻抗乘以 $K3$ 到保护 1 的安装处的位置之间的距离。依据测量阻抗在不同情况下的差异，保护就能够区分出系统是否发生故障以及故障发生的范围是在保护 1 的正向还是反向，是在保护范围的内部还是外部。

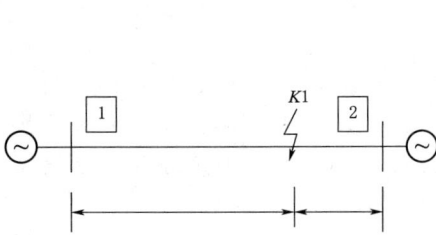

图 3-1　双侧电源线路故障示意图　　　　图 3-2　双端系统短路点示意图

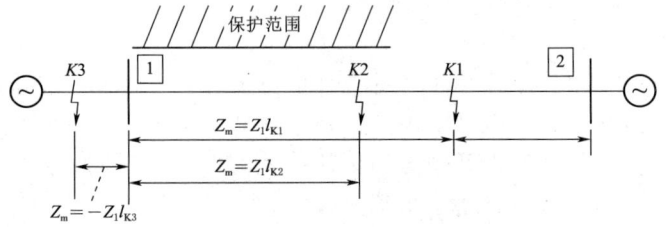

距离保护范围和灵敏度受运行方式的影响比较小。从刚才的分析就可以清楚地看出，它和电流保护是不同的，尤其是距离保护Ⅰ段的保护范围是比较稳定的，同时还具备判别短路点方向的功能。

接下来用公式（3-2）来表达。Z_m 等于 $\dot{U}_m$ 除以 $\dot{I}_m$，反映的是一种阻抗，因此称这种保护为阻抗保护。又因为这个测量阻抗 Z_m 反映故障点距离 l_m，其中等式右边的 z_1 表示单位长度的阻抗，那么 Z_m 就和 l_m 成正比，它反映故障距离，又称为距离保护。

$$Z_m = \frac{\dot{U}_m}{\dot{I}_m} \tag{3-2}$$

Z_m 反映阻抗，称为阻抗保护。

$$Z_m = z_1 l_m \tag{3-3}$$

l_m 反映距离，称为距离保护。

两者几乎反映了同一个性质，但是也有细微的区别，上面阻抗保护侧重于保护范围，下面距离保护的说法，侧重于具体的测量数值。这个测量阻抗 Z_m 通常是复数，既然是复数，就有极坐标形式和直角坐标形式这样两种表达。既可以用 Z_m 的绝对值和一个相角来表示，也可以用实部和虚部的形式来表示，详见式（3-4）。$|Z_m|$ 为测量阻抗的幅值，φ_m 为测量的阻抗角，R_m 为测量电阻，X_m 为测量电抗。既然刚才说，Z_m 通常为复数，还可以表示为：一个负数就可以用，极坐标形式或者直角坐标形式来表示。

$$\frac{\dot{U}_m}{\dot{I}_m} = Z_m = |Z_m| \angle \varphi_m = R_m + jX_m \tag{3-4}$$

式中：$|Z_m|$ 为测量阻抗的幅值；φ_m 为测量阻抗角；R_m 为测量阻抗；X_m 为测量电抗。

测量阻抗具有以下差异：系统正常运行时，测量电压近似等于额定电压，这个电压一般比较高，在千伏及以上，测量电流是负荷电流，这个值比较小，一般是小于额定电流，测量阻抗相位角 φ_m，即测量电压和测量电流的比值，称为负荷阻抗角，一般小于 $30°$。正常运行时，负荷状态下，测量阻抗 Z_m 可以用 Z_1 负荷阻抗来表示。当系统发生短路时，来看一下这个测量阻抗发生了什么变化。

首先，测量阻抗等于测量电压除以测量电流，测量电压在短路时会减小，变为一个故障的残压，测量电流会增大，增大为很大的短路电流，那么，分子变小，分母增大，这个比值就会更小。测量阻抗在短路时会减小，那么它的相位怎么变化？在正常运行的时候，测量阻抗是一个等于 $30°$ 左右的负荷阻抗角，短路时，这个阻抗反映短路点到保护安装这一段线路上的测量阻抗。而输电线路阻抗的大小是和长度成正比的，而阻抗角度的大小是和长度没有关系的，为 $70°\sim85°$。所以将两者以及其他的情况用直角坐标系表示出来，并标注出横轴和纵轴的物理意义，出现了 $R-X$ 复平面。这样可以更直观地方便去了解测量阻抗与动作的关系。

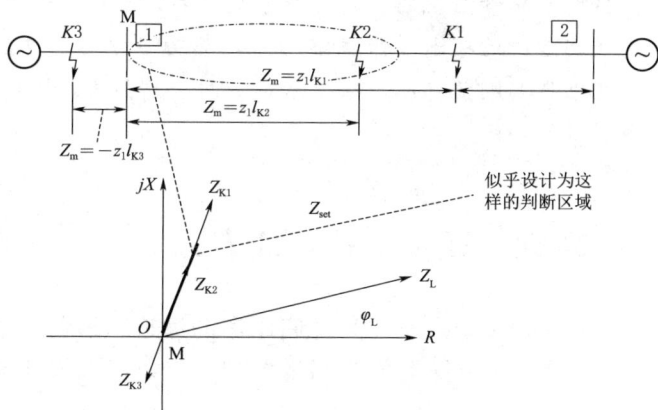

图 3 - 3　故障区域示意图

以图 3 - 3 为例，当故障发生在 $K1$、$K2$ 以及反向的 $K3$ 点的时候，将测量阻抗 Z_m 反映在图 3 - 4 这样一个复平面中。那么对应的测量阻抗的阻抗角为 $60°\sim70°$，对应 Z_{K1}、Z_{K2} 及第三象限的 Z_{K3}。正常的时候负荷阻抗相位角是 $30°$ 左右，长度又比较长。整定值在复平面中反映出来应该就是 Z_{set}，那么实际是不是这样？考虑多种因素的影响，整定阻抗值应从一个直线扩展为一个区域。

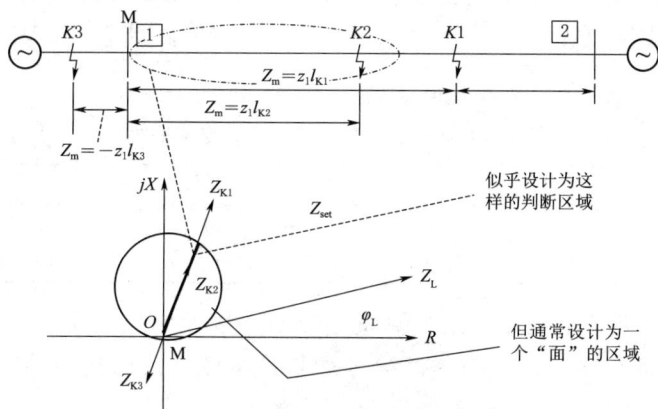

图 3 - 4　动作区的扩展示意图

为什么把动作区域由一根直线扩展成一个区域？

具体分析一下，考虑到二次侧测量阻抗受下列因素的影响：第一，测量阻抗即测量电压与电流，来源于电压互感器、电流互感器传变时的角度、大小误差。第二，输电线路阻抗角本身，也有一定误差，即，整定的角度和实际的输电线路阻抗角度不一定相同。最后，考虑在短路点，不一定是金属性的短路，过渡电阻不为零，这个阻抗应该在前述测量阻抗基础上再加电阻，然后两个矢量进行合成，这样才是实际测量阻抗的表达。

因此，阻抗继电器的保护范围，扩大为一个区域。通常用圆来表示这个区域。当测量阻抗落在这个范围内时，阻抗元件就要动作，否则无动作。刻画这个保护范围的边界称为整定阻抗，符号用 Z_{set} 表示。

> 初步认识了距离保护，和实现保护的元件——阻抗继电器，了解了测量阻抗、整定阻抗的概念。借助于测量阻抗的直角坐标表达形式，直观描述了距离保护的正方向、保护范围以及反方向的概念。阻抗继电器，与功率方向继电器的共同点是，输入有两个量：测量电压、测量电流。接下来，这两个量如何选取，即接线方式的问题，将在下一节课讨论。

第 24 课　距离保护接线方式

距离保护接线方式

距离保护可以反映故障点到保护安装处之间距离的远近。因此，其接线方式，即输入的两个电气量——测量电压与测量电流，应如何选取才能满足要求？本节课讨论这个问题。

首先对输入量提出要求。第一点，测量电压和测量电流能够反映短路点到保护安装处的正序阻抗。第二点，能够适用于任何的短路类型。

目前常用的距离保护的接线方式有以下两种。第一种，相间距离 0°接线方式，仿照 90°接线方式中的假设，令 $\cos\phi=1$，即功率因数角 ϕ 应该等于 0°的情况下，即电压超前电流 0°，那么同名相的电压与电流应该是同相位。比如说 A 相电压和 A 相电流应该是同相位，B 相电压和 B 相电流也是同相位，那么 AB 线电压和 AB 线电流，同样应该也是同相位。相间距离 0°接线方式，三个测量电压和三个对应的测量电流见表 3-1。

表 3-1　　　　　　　　　　相间距离 0°接线方式

（仍假设：$\cos\phi=1$，即 A 相电压、电流同相位）

测量阻抗	Z_{AB}	Z_{BC}	Z_{CA}
测量电压	$\dot{U}_{AB}$	$\dot{U}_{BC}$	$\dot{U}_{CA}$
测量电流	$\dot{I}_A-\dot{I}_B$	$\dot{I}_B-\dot{I}_C$	$\dot{I}_C-\dot{I}_A$

以 BC 相为例，测量阻抗 Z_{BC} 是从测量电压 U_{BC} 以及测量电流 I_B-I_C 来得到的，这种接线方式称为相间距离 0°接线方式。第二种是带零序补偿的接地距离 0°接线方式，见表 3-2。以 B 相为例，测量阻抗 Z_B 是从哪里来的？

表 3 - 2　　　　　　　　　　　**带零序补偿的接地距离 0°接线方式**

测量阻抗	Z_A	Z_B	Z_C
测量电压	$\dot{U}_A$	$\dot{U}_B$	$\dot{U}_C$
测量电流	$\dot{I}_A + k \times 3I_0$	$\dot{I}_B + k \times 3I_0$	$\dot{I}_C + k \times 3I_0$

从表 3 - 2 中看到 I_B 第二项还有一个表达，$k \times 3I_0$，这就是零序补偿项，所以称这种接线方式为带零序补偿的接地距离 0°接线方式。k 称为零序补偿系数 $k = \dfrac{z_0 - z_1}{3z_1}$。

接下来详细分析接线方式的测量情况。以如图 3 - 5 所示系统为例，研究保护 1 的距离保护，我们从 K 点向左去看，右侧也是类似的，我们先以左侧为例，那么对于各序电压，根据欧姆定律以及 KVL（基尔霍夫电压定律），得到这样一组表达式，见式（3 - 5）。

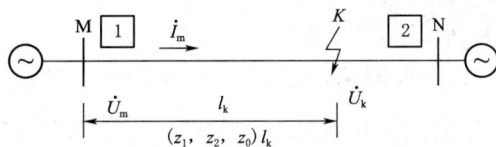

图 3 - 5　双侧电源系统

$$\dot{U}_m = \dot{U}_{1m} + \dot{U}_{2m} + \dot{U}_{0m}$$

$$= (\dot{U}_{1k} + \dot{U}_{2k} + \dot{U}_{0k}) + (Z_1 \dot{I}_{1m} + Z_2 \dot{I}_{2m} + Z_0 \dot{I}_{0m})$$

$$\overset{Z_1 = Z_2 \text{ 时}}{=} \dot{U}_k + (Z_1 \dot{I}_{1m} + Z_2 \dot{I}_{2m} + Z_0 \dot{I}_{0m}) (+Z_1 \dot{I}_{0m} - Z_1 \dot{I}_{0m})$$

为了组合出：$Z_1 (\dot{I}_{1m} + \dot{I}_{2m} + \dot{I}_{0m}) = Z_1 \dot{I}_m$

$$= \dot{U}_k + Z_1 (\dot{I}_{1m} + \dot{I}_{2m} + \dot{I}_{0m}) + (-Z_1 + Z_0) \dot{I}_{0m}$$

$$= \dot{U}_k + Z_1 \dot{I}_m + (Z_0 - Z_1) \dot{I}_{0m}$$

$$= \dot{U}_k + Z_1 \dot{I}_m + \frac{(Z_0 - Z_1)}{3} 3\dot{I}_{0m}$$

$$= \dot{U}_k + Z_1 \left(\dot{I}_m + \frac{Z_0 - Z_1}{3Z_1} 3\dot{I}_{0m} \right)$$

$$= \dot{U}_k + Z_1 (\dot{I}_m + k \cdot 3\dot{I}_{0m})$$

$$k = \frac{Z_0 - Z_1}{3Z_1}$$

$$\dot{U}_m = \dot{U}_k + Z_1 (\dot{I}_m + k \cdot 3\dot{I}_{0m})$$

$$\frac{\dot{U}_m - \dot{U}_k}{\dot{I}_m + k \cdot 3\dot{I}_{0m}} = \frac{\dot{U}_m}{\dot{I}_m + k \cdot 3\dot{I}_{0m}} = Z_1$$

$$\dot{U}_m = \dot{U}_{A.m}, \quad \dot{U}_k = \dot{U}_{A.k}, \quad \dot{I}_m = \dot{I}_{A.m}$$

$$\begin{cases} \dot{U}_{A.m} = \dot{U}_{A.k} + Z_1 (\dot{I}_{A.m} + k \cdot 3\dot{I}_{0m}) \\ \dot{U}_{B.m} = \dot{U}_{B.k} + Z_1 (\dot{I}_{B.m} + k \cdot 3\dot{I}_{0m}) \\ \dot{U}_{C.m} = \dot{U}_{C.k} + Z_1 (\dot{I}_{C.m} + k \cdot 3\dot{I}_{0m}) \end{cases} \qquad (3 - 5)$$

其中，下标 k 表示的是与 K 点相关的正序，负序和零序电压。这组电压表达式不仅适用于 K 点发生短路的情况，也同样适用于描述正常情况下 K 点与 M 之间的电压关系。

式（3-5）展示了推导的整个过程。

在实际工程中，电流测量我们得到的往往是 $3\dot{I}_0$ 的形式而不是 $\dot{I}_0$，所以要把刚才的 $\dot{I}_0$，一个 $\dot{I}_0$ 表达成三倍的 $\dot{I}_0$。把 3 倍 $\dot{I}_0$ 前面这个系数统一用 k 来表示，这个 k 就是我们刚才说的零序补偿系数。

三相的 M 点和 K 点在任何情况下的表达式见式（3-5）。即 M 点测量电压等于 K 点的电压加上 M 点和 K 点之间电压降落。因此，这个公式的分析其实还包含了接线方式的产生过程。

换一种情况，如果分析或计算 AB 相，那么应该取 AB 相的电气量。电压就是取 $\dot{U}_A$ 和 $\dot{U}_B$ 之差，电流我们取的是 $\dot{I}_A$ 和 $\dot{I}_B$ 之差。那么可以写成式（3-6），测量阻抗能够反映故障点的位置，这种叫作相间距离0°接线方式。

$$\dot{U}_{AB.m}=\dot{U}_{A.m}-\dot{U}_{B.m}$$
$$=[\dot{U}_{A.k}+Z_1(\dot{I}_{A.m}+k\cdot3\dot{I}_{0m})]-[\dot{U}_{B.k}+Z_1(\dot{I}_{B.m}+k\cdot3\dot{I}_{0m})]$$
$$\Rightarrow\dot{U}_{AB.m}=\dot{U}_{AB.k}+Z_1(\dot{I}_{A.m}-\dot{I}_{B.m}) \tag{3-6}$$

在表 3-3 中统计了两种接线方式针对四种故障类型能够正确反映的情况，对号表明能够正确反映这种短路类型。

表 3-3　　　　　　　　　接线方式对各故障类型能否正确反映统计

故障类型	测量阻抗 接线方式	接地距离接线方式			相间距离接线方式		
		A 相	B 相	C 相	AB 相	BC 相	CA 相
单相接地	A	√					
	B		√				
	C			√			
两相接地	AB	√	√		√		
	BC		√	√		√	
	CA	√		√			√
两相相间	AB				√		
	BC					√	
	CA						√
三相	ABC	√	√	√	√	√	√

总结一下，接线方式可以反映相应的哪些故障类型？接线方式可以反映的故障类型如图 3-6 所示。$K^{(1)}$ 表示的是单相接地故障，$K^{(2)}$ 表示的是两相相间的短路，上面中间 $K^{(1,1)}$ 表示的两相接地短路，$K^{(3)}$ 表示的三相接地短路。那么左边这三项，也就是单相接地短路、两相接地短路以及三相短路接地都可以用接地阻抗的0°接线方式去反映；而右边这三项，也就是两相接地短路、三相短路以及两相相间短路都可以用相间阻抗的0°

接线方式来反映。

在某些特殊情况下，当故障相的测量阻抗动作时，非故障相的测量阻抗有可能也会动作。为此，在单相故障需要仅跳开单一的故障相时，还需要采用选相元件予以辅助确定。

在低压配电网中，允许停掉单相保持非全相持续运行，所以需要知道到底是哪一相发生了故障，这就是故障选相。

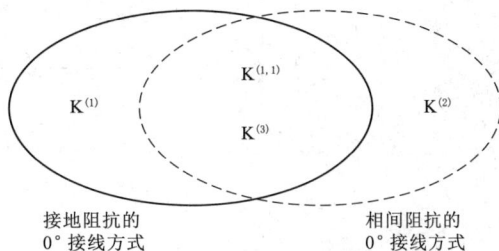

图 3-6　接线方式可以反映的故障类型示意图

> 阻抗继电器的输入有两个量：测量电压、测量电流。这堂课讨论两个输入量应该如何选取，即接线方式的问题。阻抗继电器实现的保护之所以称为距离保护，是因为测量阻抗和故障距离成正比，可以反映故障距离的远近。那么，在故障发生时，测量电压与测量电流之比，即测量阻抗，能够表达成与故障距离成正比的形式，是我们要追求的目标。从本堂课我们知道，根据短路类型的不同可以采用不同的接线方式，但总之，接地短路可以采用带零序补偿的 0° 接线方式，相间短路可以采用相间 0° 接线方式。两相接地短路和三相接地短路即属于接地短路，也属于相间短路，所以两种接地方式都适用。

第 25 课　距离保护的构成

距离保护的构成

相对于三段式电流保护，距离保护具有受运行方式影响不大的优势。其构成又与三段式电流保护类似。距离保护的测量部分也往往采用三段式。三段式的配置以及实现特性的设计方法，基本一致的。

以如图 3-7 所示双侧电源供电系统为例，研究保护 1 的距离保护。仿照三段式电流保护，距离保护也有三段，分别是：不能够保护线路全长但是动作非常迅速的保护Ⅰ段、能够保护本线路 AB 全长的并且延伸到相邻下一级线路（保护 3）的第Ⅱ段，以及距离保护的第Ⅲ段，它同样既能作为 AB 线路的近后备（保护 AB 线路的全长），也能作为相邻下一级线路 BC 线路的远后备保护（保护 BC 线路的全长）。

刚才分析的是保护 1，现在我们来看保护 2。保护 2 同理，保护 2 的Ⅰ段也是能够保护线路的一部分，但是其动作速度较快。保护 2 的Ⅱ段是能够保护 AB 线路的全长，并延伸到了相邻元件（发电机）。保护 2 的Ⅲ段能够作为相邻元件的远后备，即将发电机这个元件包含进来。同时考虑 AB 线路两侧的保护，即保护 1 和保护 2 的Ⅰ段，两个保护范围有重叠区。考虑一下，在重叠区域之内，如果发生短路，会有什么样的好处？

距离保护的构成如图 3-8 所示，包括启动元件（用于判断是否发生故障），测量部分（用于判断故障的范围以及方向），以及为防止误动而设置的振荡闭锁和 TV 断线闭锁。最后它们之间的关系是一个逻辑与的关系，最终实现跳闸。实际的逻辑相当复杂，尤其是振荡闭锁部分。

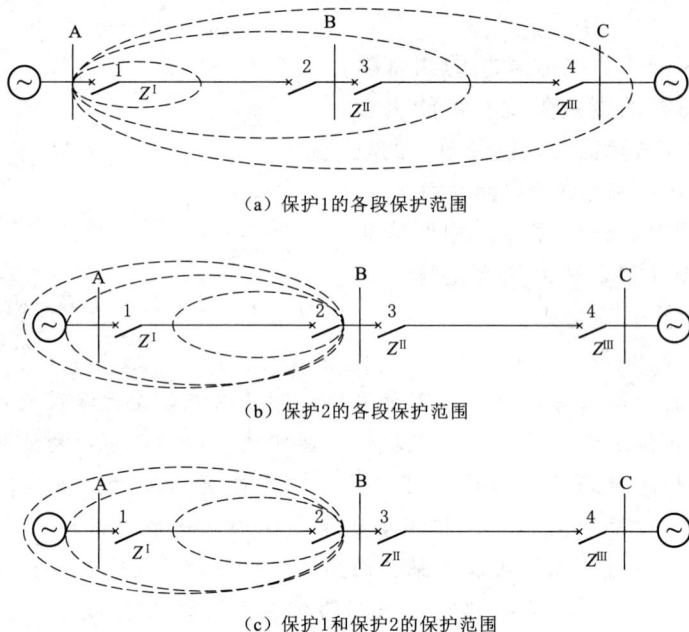

（a）保护1的各段保护范围

（b）保护2的各段保护范围

（c）保护1和保护2的保护范围

图 3-7　双侧电源供电系统各保护的保护范围

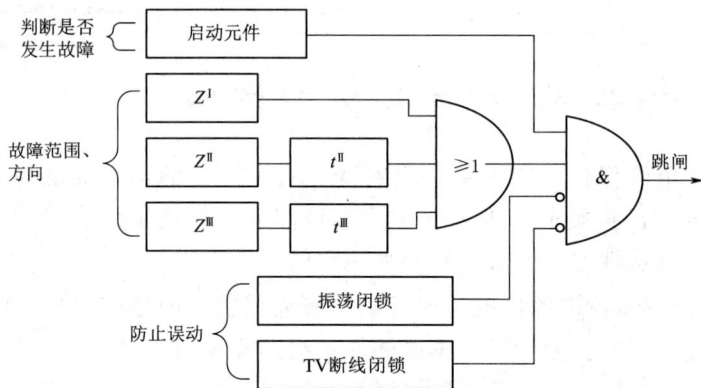

图 3-8　距离保护的构成

具体讨论各部分的功能：

首先，启动部分是用来判别系统是否发生故障。系统正常运行时，该部分是不动作的，距离保护装置的测量，逻辑等部分不投入工作。对它的要求是：当作为远后备保护范围末端发生故障时，应灵敏、快速动作，即在几毫秒内动作，使整套保护迅速投入工作。在模拟式距离保护中，启动部分是由硬件电流元件实现的，大多反映负序电流、零序电流或负序与零序复合电流的判断原理。在微机保护中，启动部分是由逐点检测电流突变量或零序电流的变化的软件来实现。

其次，测量部分是距离保护的核心。对它的要求是在故障的情况下，快速准确地测定出故障方向和距离，并与预先设定的保护范围相比较。区内故障时给出动作信号，区外故障时不动作。

需要指出的是，在模拟式距离保护中，实现故障距离测量和比较的电路元件称为阻抗元件或阻抗继电器。在微机距离保护中，故障距离的测量和比较功能是由软件算法实现的。此时，传统意义上的元件或继电器已不存在，但为了与传统的概念相衔接，也把实现这些算法的软件称为测量元件、距离继电器或阻抗元件（阻抗继电器）。这部分与电流三段的配置结构完全相同，相比电流保护有较大优势，代表国内乃至世界范围的典型配置，得到广泛应用。但极其复杂，仍有很多需要研究的课题。

接下来是振荡闭锁部分。在电力系统发生振荡时，因为不是短路而不应该动作，但振荡时的电压、电流幅值周期性变化，有可能导致距离保护误动作。为防止保护误动，要求该元件准确判别系统振荡，并将保护闭锁。

最后，电压回路断线部分是当电压回路的互感器断线时，测量电压会消失，从而可能使距离保护的测量部分出现误判断。在这种情况下，应该将保护闭锁，防止出现不必要的误动。因此，我们可以看出，无论是振荡闭锁部分还是电压回路断线部分，都是出于防止距离保护误动作的角度来考虑的。

距离保护的保护范围和灵敏度受运行方式的影响较小，尤其是距离Ⅰ段的保护范围是比较稳定的，同时还具备判别短路点方向的功能。

> 距离保护原理上比电流保护更佳，但其构成也更加复杂，需要考虑的影响因素也很多。所以，观原理之差异，尽在得失之间。用辩证统一的思想去取得技术、经济等各项因素的平衡，使得结果最优化。这一直是解决实际工程中保护问题所要遵循的原则。距离保护究竟如何工作，且听下节课分解。

第26课　阻抗继电器动作特性与实现方法（1）

考虑到二次侧的测量阻抗受电压互感器、电流互感器和输电线路阻抗角度的差异等这样一些因素的影响，常将阻抗继电器的保护范围由一个直线扩大为一个区域，通常是一个圆（图3-9）。当测量阻抗落在这个范围之内的时候，阻抗继电器会动作，否则不动作。那么这个保护范围的边界，称为整定阻抗，用符号 Z_{set} 表示。

在距离保护的各种动作区域中，常用圆特性，为什么不用三角形特性、平行四边形特性以及其他的各种形状的特性呢？

典型的圆特性中，整定阻抗位于圆的直径，也就是绝对值最大，保护范围也是最大的。整定阻抗所在的这条矢量对应相角是 φ_{sen}，这是一个方向圆，如图3-9所示。因此，希望在这个方向上线路阻抗角等于最大灵敏角，有最大的输出。圆内动作，即测量阻抗落在圆内，距离保护应该动作。但是观察这个

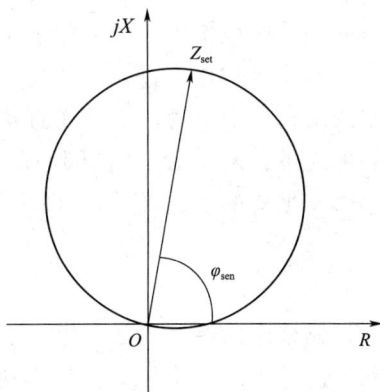

阻抗继电器
动作特性与
实现方法
（1）

图3-9　方向圆

方向圆，可以判断出短路的范围和方向。方向圆只在第一象限和第二象限有动作区域。但是有一个问题，方向圆它经过了坐标系的原点 O 处，那么在坐标系的原点处测量阻抗就等于 0，也就意味着在保护出口处短路时，测量电压可能就为 0。我们回顾一下功率方向继电器和距离保护也是一样的，阻抗继电器也有两个输入，但是这两个输入一定要有。保护出口处短路的时候，其中一个测量电压消失了，这样的话，阻抗继电器可能就不会正确工作。之前用过这个做法：采取短路之前的电压。所以当出口短路时需要记忆。这也是常用的特性之一。

偏移圆特性如图 3-10 所示，观察偏移圆和方向圆的不同。偏移圆是从方向圆向第三象限平移，也就是偏移圆不仅在第一象限、第二象限有主要的动作区，在线路背后（即保护的背后）以及保护的反方向即第三象限，也是有一定的动作区的。偏移特性可以判断出短路的范围，其好处是没有出口的死区，缺点是反方向出口短路时，因为在第三象限它有动作区会误动。偏移特性是运用在断路器合闸于故障线路时。

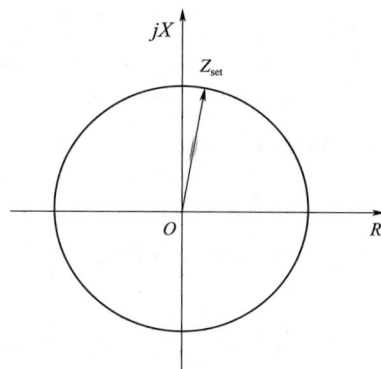

第三种圆，如图 3-11 所示，全阻抗圆特性与方向圆和偏移圆不同，它在第一、二、三、四四个象限的动作区是平均分配的，因此它完全没有方向性。但是它可以判断出短路的范围。所以，使用得比较少。它没有最大灵敏角的概念。

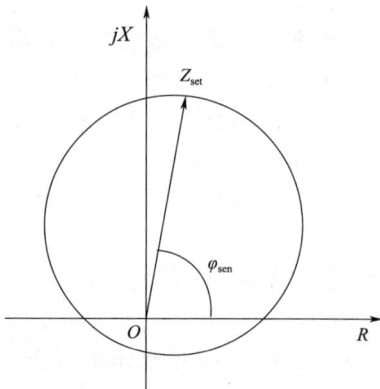

图 3-10 偏移圆特性   图 3-11 全阻抗圆特性

以上介绍了三种典型的圆特性。那么，各种圆特性的动作方程是如何形成的呢？本堂课将介绍实际应用中比较多的基于幅值比较的动作方程。

幅值比较动作方程，是从高中数学知识出发得到的。它的要点是：圆周上任意一点到圆心的距离等于半径。于是在直角坐标系和极坐标系中都有相应的表达。其中，Z_0 是指圆心的向量，X_0，R_0 指的圆心的坐标，r 指的是圆的半径。那么现在的目标就是要找出圆心以及半径的表达式 [式（3-7）和式（3-8）]。

$$(X_m - X_0)^2 + (R_m - R_0)^2 < r^2 \tag{3-7}$$

$$|Z_m - Z_0| < r \tag{3-8}$$

以偏移圆为例，在这个坐标系中，设置测量阻抗是 Z_{set} 在第一象限的表达式。在第三象限，这一段的大小与 Z_{set} 比例关系用 α 来表示，称为偏移度，它是一个正的常数，且 $0 \leqslant \alpha \leqslant 1$。所以在第三象限部分，这个矢量是 $-\alpha Z_{set}$。

Z_{set} 已经在直径上，$-\alpha Z_{set}$ 也在这条直径上，两个模值相加就是直径的大小。直径的大小知道了，除以 2 就是半径的大小，所以可以很方便地得到圆的半径 r，是 Z_{set} 加上 $-\alpha Z_{set}$ 的模值除以 2，表达简化以后就是：

$$r=1/2(1+\alpha)/Z_{set} \qquad (3-9)$$

还有一个问题是求圆心的矢量表达。已知条件 Z_{set} 和 $-\alpha Z_{set}$，很显然，利用矢量的减法，那么：

$$Z_{set}-\alpha Z_{set} \qquad (3-10)$$

Z_0 的一半就是圆心的矢量。那么圆心的表达 Z_0 就是：

$$Z_0=(Z_{set}-\alpha Z_{set})/2 \qquad (3-11)$$

图 3-12　偏移圆特性

注意：半径是一个只有大小的标量，而圆心的表达 Z_0 是一个既有大小又有方向的向量表达。

把半径的表达以及圆心的矢量表达代入动作方程，就可以得到偏移圆特性的幅值比较的动作方程，偏移特性的幅值比较方程表达见式（3-12）。

$$\left| Z_m-\frac{1}{2}(1-\alpha)Z_{set} \right| < \frac{1}{2} |(1+\alpha)Z_{set}| \qquad (3-12)$$

为什么用偏移圆来做示例，而不用方向圆或全阻抗圆？当偏移率 α 等于 0 的时候偏移圆变成了方向圆，当 α 等于 1 的时候偏移圆变成了全阻抗圆。例如，方向圆的动作方程见式（3-13）。无需重新推导，只需改变通用表达式中偏移圆幅值特性中的 α 就可以了。

$$\left| Z_m-\frac{1}{2}Z_{set} \right| < \frac{1}{2} |Z_{set}|$$

$$|Z_m| < |Z_{set}| \qquad (3-13)$$

> 圆特性是阻抗继电器的典型特性之一，有偏移圆、方向圆、全阻抗圆等。不同的形式之间的关系不是孤立的，在一定条件下是可以相互转化的。以偏移特性为例，介绍了它的幅值比较动作方程。因为偏移圆是通用的特性，方向圆和全阻抗圆是 α 等于 0 或 1 时的特例，下节课将继续研究偏移圆的相位比较的动作方程。

第 27 课　阻抗继电器动作特性与实现方法（2）

上节课研究了阻抗继电器圆特性幅值比较的动作方程。除此之外，还有没有其他形式的动作方程的表达式？

测量阻抗是一个复数，复数既可以在直角坐标系中表示，由实部和虚部构成，也可以在极坐标系中表示，用幅值和相角来表达。受此启发，尝试用相位比较的动作方程能否建立。

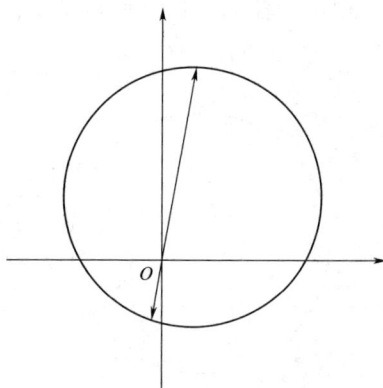

阻抗继电器
动作特性与
实现方法
（2）

相位比较的动作方程也是从高中数学知识点出发。要点是圆周上任何一点到直径两端之间的夹角均等于 $90°$，当 Z_m 如图 3-13 所示落在右半圆周上时，可作出直径 Z_{set} 和 $-\alpha Z_{set}$ 两个端点和 Z_m 之间的连线，那么它们两个之间的夹角显然应该是 $90°$。用矢量表达，这根连线是 $Z_{set} - Z_m$，箭头指向被减数；这根矢量是 $Z_m + \alpha Z_{set}$，它是由 $Z_m - (-\alpha Z_{set})$ 得到的。于是，在这个图中就可以得到新的两个矢量的夹角关系。用表达式表达，就是上面这个矢量 $(Z_{set} - Z_m)$ 与分母这个矢量 $(Z_m + \alpha Z_{set})$ 二者之间的相角差，或者说是分子超前分母的角度是正的 $90°$。

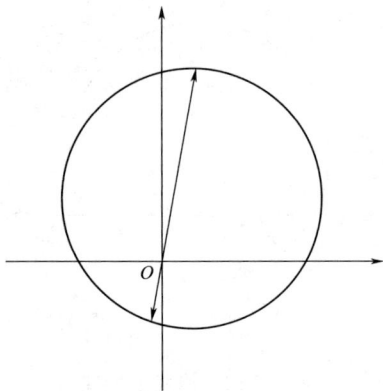

图 3-13 偏移圆特性相位比较示意图

于是，Z_m 在如图 3-13 所示的圆周（右侧）上时，有

$$\arg \frac{Z_{set} - Z_m}{Z_m + \alpha Z_{set}} = 90° \tag{3-14}$$

刚才考虑的是右半周，那么当测量阻抗落在圆的左半周的时候，会不会有同样的结论？同样保持刚才的减法关系，即 $(Z_{set} - Z_m)$ 的矢量末端连接直径的两个端点，$Z_{set} - Z_m$ 是第一个矢量，也是分子上的矢量。分母上的矢量重新作图是一样的 $Z_m + \alpha Z_{set}$，指向的是 Z_m。那么和刚才的表达一致，分子比分母，这样一个矢量差，或者说它的相角差，观察出应该等于 $-90°$，也就是分子落后分母 $90°$。

于是，Z_m 在如图 3-13 所示的圆周（左侧）上时，有

$$\arg \frac{Z_{set} - Z_m}{Z_m + \alpha Z_{set}} = -90° \tag{3-15}$$

总结两种情况把它们归纳在一起，就可以确定动作的范围。但测量阻抗落在圆的左半周的时候，二者夹角是 $-90°$。因此这两个边界是 $-90°$ 和 $90°$。

$$-90° \leqslant \arg \frac{Z_{set} - Z_m}{Z_m + \alpha Z_{set}} \leqslant 90° \tag{3-16}$$

通过观察，例如 Z_m 在右半周落在圆外，二者的夹角是大于 $90°$ 的。总结两种情况，也就是右半周和左半周两种情况，在测量阻抗落在圆内的时候，两个矢量之间的夹角应该是 $-90°$ 到 $90°$ 的范围，因此这个范围视为我们的偏移圆特性的动作区域。接着我们就可以列出偏移阻抗特性的相位比较动作方程，就是这两个新的矢量夹角应该在 $-90°$ 到 $90°$ 的范围就是我们的动作区。那么相位表达的动作方程也列出来了。和幅值比较的动作方程类似，当 $\alpha = 0$ 的时候，方向圆的表达方程就表达出来了。当 $\alpha = 1$ 的时候全阻抗圆的相位比较方程也能够表达出来，非常方便。

$$-90° \leqslant \arg \frac{Z_{set} - Z_m}{Z_m} \leqslant 90° \tag{3-17}$$

$$-90° \leqslant \arg \frac{Z'_{set} - Z_m}{Z_m} \leqslant 90° \tag{3-18}$$

按照上述思路，可以得到任意圆特性的幅值比较和相位比较的动作方程。在微机保护中，哪一种用得比较多呢？是运算简单的幅值比较的方法。另外，除了刚才我们讨论的三种圆特性之外，我们还可以利用两个或者是多个圆特性共同来构成"与"或者"或"的关系，组合之后又会出现新的特性。比如，左边两个圆的交集构成了橄榄型特性，两个圆的并集构成了苹果型特性，这都是新的特性（图 3-14）。

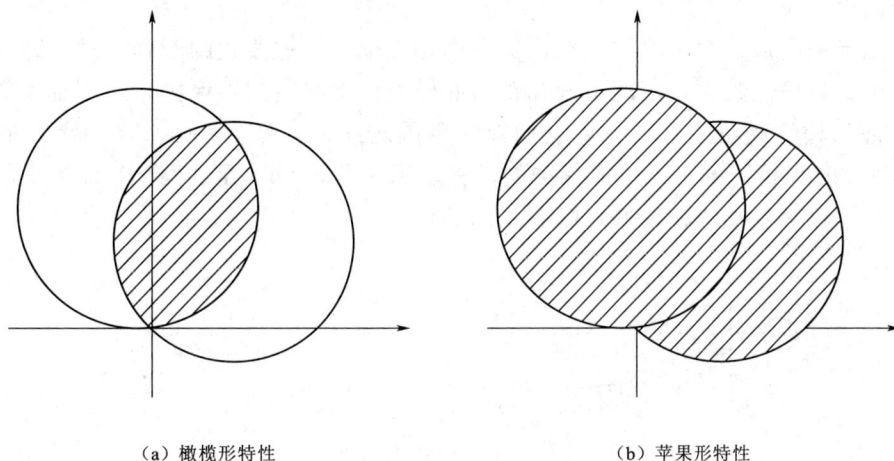

（a）橄榄形特性　　　　　　　　　　　　　　（b）苹果形特性

图 3-14　组合特性

还有如图 3-15 所示的这样一种特性，为了提高 Z_{set} 的定值来保证灵敏度，另外再加一条直线，也就是电阻线来防止负荷情况下的误动作。在微机保护中我们多用的是多边形特性，多边形特性淡化了最大灵敏角的概念，与圆特性相比，多边形特性的保护范围和耐过渡电阻的能力是容易得到兼顾的。

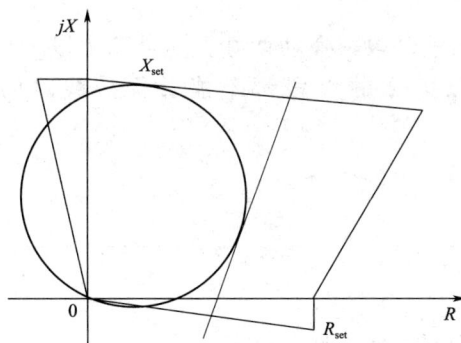

图 3-15　准四边形特性与其他特性的比较

这节课推导了基于相位比较的圆特性动作方程，并且知道了即使是同一种圆特性，动作方程的表达也不是唯一的。但是思路是想通的。除了圆特性还有其他常用的阻抗继电器特性，如苹果形、橄榄形、直线型特性等。而微机保护中最常用的是多边形特性。

第 28 课　距离保护整定计算与评价

测量阻抗与整定阻抗的差异是决定阻抗继电器是否动作的依据，因此整定阻抗是距离保护主要整定的对象，这一节课讨论距离保护如何整定，即整定阻抗如何确定。

与电流保护类似，距离保护一般也都采用相互配合的三段式的配置方式，即包含距离Ⅰ段、Ⅱ段、Ⅲ段。其中，距离Ⅰ段和距离Ⅱ段作为本线路的主保护，距离Ⅲ段作为本线路的近后备和相邻线路的远后备。它们保护范围之间的关系如图 3-16 所示。图 3-16（a）是线路 AB 保护 1 的Ⅲ段距离保护的范围，图 3-16（b）是线路 AB 保护 2 的Ⅲ段距离保护的范围，有着类似的结果，起着相同的作用。

（a）保护1的各段保护范围

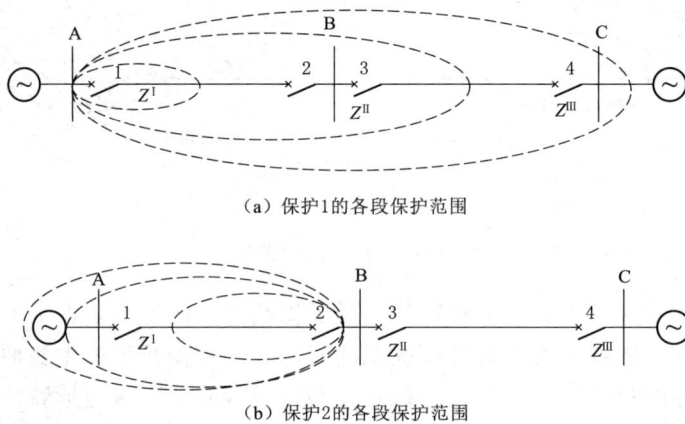

（b）保护2的各段保护范围

图 3-16　距离保护各段保护范围之间的关系

距离保护的Ⅰ段为瞬时速动段，速动性好。同电流Ⅰ段一样，只反映本线路的故障。因此无论是保护 1 还是保护 2 的Ⅰ段都不能够保护线路的全长，二者之间有重叠（图 3-17）。

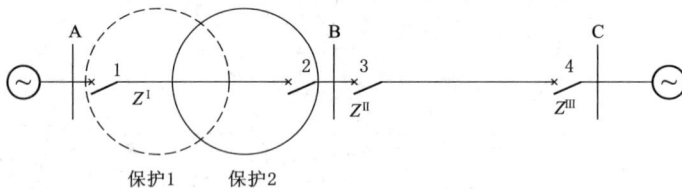

图 3-17　双端系统两侧距离保护Ⅰ段保护范围之间的关系

首先来看距离Ⅰ段的整定，为了保护动作的选择性，在本线路的末端或者下一级线路的始端故障时，应该可靠不动作，如式（3-21）列出这样的表达式：距离Ⅰ段的整定阻抗等于 AB 线路的阻抗值乘以一个可靠系数，这个可靠系数是小于 1 的，一般取 0.8～0.85，这个 $Z_{1.AB}$ 表示的是线路全长的一个正序阻抗。那么，为什么电流Ⅰ段的可靠系数是 1.2～1.3，而距离Ⅰ段的可靠系数是 0.8 到 0.85 呢？

可靠系数这里主要考虑的是各种影响因素引起的相对误差、比如继电器测量的误差、来自互感器二次侧传变误差和参数测量的误差等。在线路较短时还应当考虑绝对误差。

$$Z_{set}^{I} = K_{rel}^{I} \cdot Z_{1. AB}$$
$$= K_{rel}^{I} \cdot l_{AB} \cdot z_1$$

(3-19)

$$K_{sen}^{I} = \frac{Z_{set. 1}^{I}}{Z_{AB}} = K_{rel}^{I} \cdot 100\% = 80\% \sim 85\%$$

距离 I 段的动作时限和电流 I 段一样 0s。实际的动作时间是固有动作时间，灵敏度的校验和电流保护不一样，回顾电流 I 段，它的灵敏度如何表征？是由一个最小保护范围来表征的，但是距离保护不同的是，距离保护 I 段的保护范围从可靠系数已经确定，所以不必验算。保护范围比较稳定，基本上是不受运行方式的影响，从这里可以看出距离保护比电流保护在原理上更佳。

接下来是距离保护 II 段的整定，为了弥补距离 I 段不能保护线路全长的缺陷，增设了距离 II 段，要求它能够保护线路全长，这是它最起码的要求，保护的范围既然能够保护线路的全长，势必延伸到了相邻下一级线路，与相邻下一级线路 I 段进行配合，也就是保护 1 的 II 段是和 BC 线路保护 3 的 I 段来进行配合的，这是一种正确的设计，实现了相互的配合。

错误设计如图 3-18 所示。AB 线路保护 1 的 I 段延伸到了 BC 线路，但是超出了 BC 线路保护 3 的 I 段的保护范围，那么保护 3 的 II 段范围如图 3-18 所示，可以看出当短路出现在这个区域内的时候，这个区域既在保护 1 的 II 段，又在保护 3 的 II 段，可能两段都会动作。这是一种错误的设计，如果保护 1 比 3 的 II 段率先动作，就会引起保护范围的扩大，不符合继电保护选择性的要求。

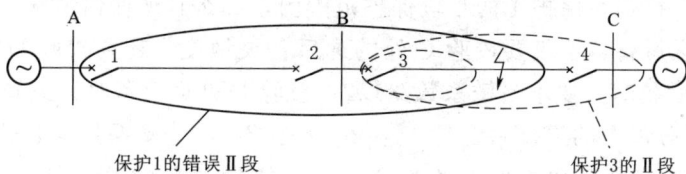

图 3-18　距离保护错误设计示意图

距离 II 段为了弥补距离 I 段不能保护本线路全长的缺陷，增设了保护 II 段，要求它能够保护线路的全长，需要和下一级线路的 I 段或者 II 段去配合。但是当电网的结构复杂，还有其他回路影响的时候，则需要考虑分支电流的影响。那么和电流保护是类似的，在如图 3-19 所示的系统当中，保护 1 的 II 段应该与 3、5、6、7 的 I 段去配合，II 段的动作时限与相邻元件的动作时限应该是有配合关系的，也就是保护 1 的 II 段和保护 3 的 I 段去配合，增加一个时间阶梯 Δt。

灵敏度的校验，距离 II 段应能保护线路的全长，本线路末端故障时应具有足够的灵敏性，可以用保护范围的大小来衡量。II 段的灵敏系数表达见式（3-20）和式（3-21），其保护范围应该大于 1.25。

$$t_1^{II} = t_3^{I} + \Delta t$$

(3-20)

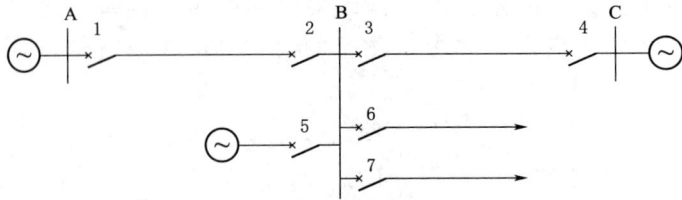

图 3-19 距离保护上下级配合示意图

$$K_{\text{sen}}^{\text{II}}=\frac{Z_{\text{set.}1}^{\text{II}}}{Z_{\text{AB}}}\geqslant 1.25 \qquad (3-21)$$

距离Ⅲ段的整定原则与电流类似，通常采用三段之间相互配合形成阶梯时限的方法。按照上述原则进行计算，其中取较小者作为距离Ⅲ段的整定阻抗。那可以回忆一下，电流保护Ⅲ段是按照以上几种情况中的最大者进行整定的，其动作时限是与相邻元件保护的动作时限相配合的。配合有两个含义：第一个是定值的配合，第二个是时间的配合。另外，考虑到距离Ⅲ段一般不经过振荡闭锁，其动作时限应≥1.5~2s。

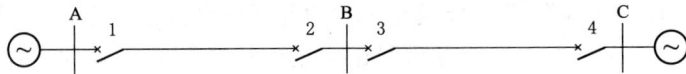

图 3-20 双端系统距离保护示意图

$$t_1^{\text{III}}=t_3^x+\Delta t \qquad (3-22)$$

距离Ⅲ段灵敏度的校验：距离Ⅲ段作为本线路的近后备，应该能够保护本线路全长的100%加上相邻下一级线路的50%，即灵敏系数应≥1.5。距离Ⅲ段作为相邻元件远后备的时候，灵敏系数应该不小于0.2，此处考虑分支影响，分母取最大分支系数。C处短路时，最大的测量阻抗仍在保护1的Ⅲ段保护范围内，那么其他任何情况下的短路也都会在动作区内。作为远后备，不仅要校验C处的远后备灵敏度，还要校验D处的远后备灵敏度。校验C处远后备时，要求灵敏系数≥1.2；校验D处远后备时，灵敏系数要求也是≥1.2。不同的是，分母中的阻抗一个是Z_{BC}，一个是Z_{BD}，分支系数均取最大值。只有当各处的远后备灵敏度都满足要求时，才算合格。这样做的目的总之就是不允许故障长期存在。

$$K_{\text{sen}(1)}^{\text{III}}=\frac{Z_{\text{set.}1}^{\text{II}}}{Z_{\text{AB}}}\geqslant 1.25$$

$$K_{\text{sen}(2)}^{\text{III}}=\frac{Z_{\text{set.}1}^{\text{II}}}{Z_{\text{AB}}+K_{\text{B.max}}Z_{\text{BC}}}\geqslant 1.2$$

$$K_{\text{sen}(2)}^{\text{III}}=\frac{Z_{\text{set.}1}^{\text{II}}}{Z_{\text{AB}}+K_{\text{B.max}}Z_{\text{BC}}}\geqslant 1.2 \qquad (3-23)$$

对距离保护进行一个简单的评价：首先，距离保护是利用了短路时电压和电流同时变化的特征，通过测量阻抗的变化情况确定故障范围；第二，距离Ⅰ段几乎不受系统运行方式的影响；距离Ⅱ段受系统运行方式的影响，这个影响比较小；第三，距离Ⅰ段的保护范围为线路全长的80%~85%，在双端供电系统中，大约有30%~40%区域内故障时，两侧保护相继动作，也就是一前一后动作切除故障，如果说不满足速动性的要求，那么必须要配备能够实现全线都能速动的保护，就是纵联保护；第四点，相对于电流保护，距离保护的接线逻辑都比较复杂，可靠性相对较低，这点也是针对非微机保护而言的，所以说距离保护是继电保护的标准配置之一。

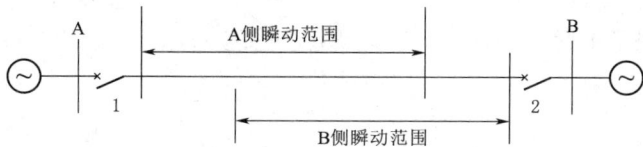

图 3-21　双端系统距离保护范围示意图

在多电源的复杂网络中，能够保证动作的选择性。快速性以及选择性都能够在以保护1和保护2的Ⅰ段中得到很好的体现。在二者重叠的范围内，大约占全线路长度60%～70%的这样一个范围，两侧保护都能够瞬时动作。那么，余下的两端各剩15%～20%的范围，将会出现一侧0s瞬时动作，而另一侧0.5s之后才能够动作，即相继动作。但是保护区是稳定的，灵敏度也是较高的，可靠性较电流保护来讲更佳。尤其是考虑振荡的时候，振荡闭锁逻辑非常复杂，但是这一点是必须考虑的。故距离保护的优点在单端保护中十分突出。

比较一下电流保护，零序保护以及距离保护等。这些基于单端电气量的保护Ⅰ段整定原则都是躲开本线路末端的短路，实质是为了防止停电范围的扩大，躲开了相邻线路出口处的短路，主要考虑保证选择性。第Ⅱ段，主要考虑保护线路全长，也就是本线路末端一定要有灵敏度，一般都要加时限。第Ⅲ段是考虑躲过最大的负荷电流，有一定的延时，灵敏度的校验要同时考虑近后备和远后备两种情况。那么Ⅰ段、Ⅱ段和Ⅲ段在各段整定的时候，其实都考虑了不误动的条件。不满足要求时再配置其他的保护。

> 这节课仿照单侧电源供电系统三段式电流保护的整定原理，对三段式距离保护进行了整定，二者最大的不同是：电流保护是反映于输入量大于整定值而动作的过量保护，距离保护是反映于输入量小于整定值而动作的欠量保护。所以各段的可靠系数与电流保护的可靠系数在数值上有了根本的差别，一个是小于1的，一个是大于1的，本堂课最后，简单比较了三种单端电气量的保护，了解了距离保护由于其原理较为完善，是工程运用中最为广泛的单端电气量保护之一。

第 29 课　振荡特点与几点假设

与电流保护不同，距离保护往往应用于较高电压等级的输电线路。而输电线路多为双端供电系统，会发生振荡。电力系统的振荡会影响距离保护的正确动作。动力系统的振荡是典型的不正常运行工况，也是个比较复杂的问题。

振荡特点与
几点假设

分析电力系统振荡的特点时，为了突出主要问题，会对一些条件做出一些合理的简化处理。

如图 3-22 所示，两端电动势 $\dot{E}_M$、$\dot{E}_N$，以矢量的方式显示。在正常运行时送电端 $\dot{E}_M$ 和受电端 $\dot{E}_N$ 的夹角是 δ，它们保持一个固定角度差并同步逆时针旋转。而发生振荡时，$\dot{E}_M$ 和 $\dot{E}_N$ 出现了不同步的现象。若以 $\dot{E}_M$ 为参考，那么 $\dot{E}_N$ 就围绕着 $\dot{E}_M$ 出现了相对的运动。

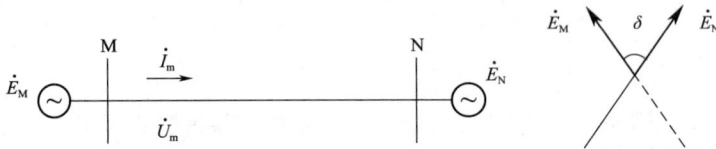

图 3-22　两端电动势同步矢量示意图

并列运行的电力系统或发电厂之间出现这种功率角在大范围内发生周期性变化的现象，称为电力系统振荡。如图 3-23 所示，$\dot{E}_M$ 和 $\dot{E}_N$ 出现了不同步的现象，即它们的角速度不相等。若以 $\dot{E}_N$ 为基础，其角速度为 ω_1，如果二者的角速度差为 $\Delta\omega_s$，那么 $\dot{E}_M$ 的角速度就应该是 $\omega_1 + \Delta\omega_s$，二者之间的相位差依然用 $\Delta\omega_s$ 来表示。

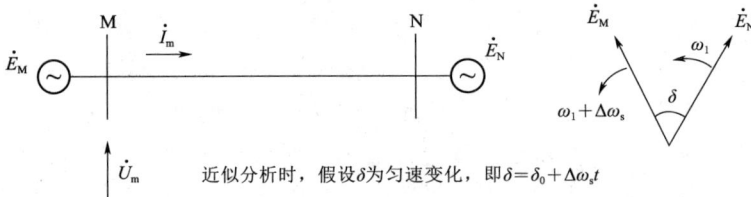

近似分析时，假设 δ 为匀速变化，即 $\delta = \delta_0 + \Delta\omega_s t$

图 3-23　两端电动势不同步矢量示意图

为了方便分析，给出具有一定指导意义的结论，需要引入几点假设：

第一，假设在系统振荡时三相是对称的。因为三相对称时，电气量 A、B、C 三相大小相等、相位互差 120°。因此，只要取其中一相分析就可以了。

第二，假设 $\dot{E}_M$ 是送电端，$\dot{E}_N$ 是受电端。$\dot{E}_M$ 超前 $\dot{E}_N$ 的角度，用 δ 来表示。并且假设两端电动势 $\dot{E}_M$ 和 $\dot{E}_N$ 的模值相等，都等于 E_0。

第三，假设系统中各元件的阻抗角均相等，即系统中无论是线路还是变压器的阻抗角都认为是 φ_k。

引入这些假设可以去繁就简，便于分析和推导，从而得出有效简洁的结论。然后，再去分析考虑假设以及其他因素所带来的影响。

下面分析系统振荡时电压和电流的变化规律：

按照假设，送电端 M 侧电动势 $\dot{E}_M$，受电端 N 侧电动势为 $\dot{E}_N$，那么回路中流过的电流 $\dot{I}$，可以根据基尔霍夫电压定律（KVL）和欧姆定律得到。详见式（3-24）和式（3-25）。

$$\dot{E}_M = \dot{E}_N e^{j\delta}, \quad |\dot{E}_M| = |\dot{E}_N| = E \quad (3-24)$$

$$\dot{I} = \frac{\dot{E}_M - \dot{E}_N}{Z_\Sigma} = \frac{\dot{E}_M(1 - e^{j\delta})}{Z_\Sigma} \tag{3-25}$$

式中：Z_Σ 为整个系统等值的综合阻抗；Z_M 为 M 侧等值的系统阻抗。

电压如何表示？可以根据基尔霍夫电压定律得到电压方程，见式（3-26）。

$$\dot{U}_M = \dot{I} \cdot Z_M$$

$$\dot{U}_N = \dot{I} \cdot Z_N \tag{3-26}$$

式中：U_M 为 M 点处的电压值；U_N 为 N 点处的电压值。

E_M 和 E_N 两个电动势之间的夹角称为 δ，那么：

$$I = \left| \frac{\dot{E}_M - \dot{E}_N}{Z_\Sigma} \right| = \frac{2E_M}{|Z_\Sigma|} \sin\frac{\delta}{2} \tag{3-27}$$

$$\Delta E = |\dot{E}_M - \dot{E}_N| = 2E_M \sin\frac{\delta}{2} \tag{3-28}$$

电流的大小应该就等于两侧电压差的大小除以综合阻抗的大小。从式（3-27）和式（3-28）可以知道，ΔE 和电流有效值，在系统发生振荡时呈现周期性的变化。

接下来再看线路上的电压。从 M 点和 N 点的电压的矢量分析可以知道，MN 线路上各点的电压一定会落在 M 和 N 之间的连线上（图 3-24）。

在 $\Delta E = |\dot{E}_M - \dot{E}_N| = 2E_M \sin\frac{\delta}{2}$ 这条连线上，可以找到一个点，这个点就是电压最低点，也就是振荡中心。在两侧系统电势幅值相等的假设下，振荡中心应该处于综合阻抗的中心。振荡中心电压 U_{os} 可以表达为式（3-29）。

$$U_{os} = E_M \cos\frac{\delta}{2} \tag{3-29}$$

电流有效值有什么变化规律？振荡时，电流有效值 I 详见式（3-27），从公式中可以看出 I 和 $\delta/2$ 是呈现正弦函数的关系。那么就可以从坐标系中画出电流有效值的变化轨迹，如图 3-25 所示。

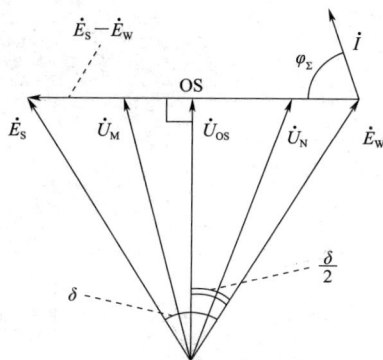

图 3-24　线路电压的矢量分析

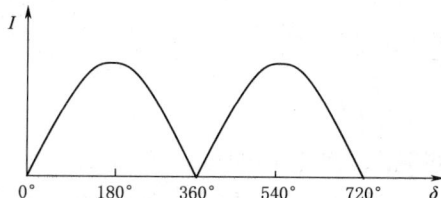

图 3-25　有效值的变化轨迹

振荡中心的电压详见式（3-29）。振荡中心电压的大小和 $\delta/2$ 是一个余弦函数关系，变化规律如图3-26所示。

当 δ 等于180°的时候，振荡中心的电压为0，而 δ 等于180°的时候，电流的有效值达到了最大。刚才分析的是极端情况，即 M 和 N 的中点（振荡中心 U_{OS} 处）的电压变化。那么，保护装置安装在 M 和 N 这两根母线处时，M 节点母线

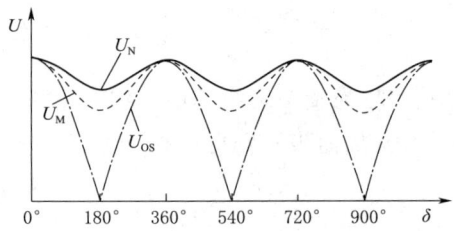

图3-26 电压有效值的变化轨迹

处的节点电压会有什么样的变化规律呢？随着振荡的发生，δ 从0°到360°发生周期性的变化，图3-26中可以看出 M 节点电压的变化规律。同样的，N 点的电压也有类似的规律，但由于 M 是送电端而 N 是受电端，所以它们的电压大小是不一样的。这些电压的最小值都与它们在系统中的位置有关。以上分析的是振荡时电流和电压的变化规律。

这节课对电力系统振荡发生时系统中电流和电压的变化规律进行了研究。接下来的目标是讨论振荡时距离保护测量阻抗的变化规律，这将在下一节课进行。

第 30 课　振荡时测量阻抗的变化规律

前面的分析得到了振荡时电流、电压的变化规律。下面分析系统振荡时测量阻抗的变化规律。

如图3-27所示，依然以理想系统为例。假设条件依然为上堂课所述。根据系统中的综合阻抗 Z_Σ，M 点的等值系统阻抗 Z_M 以及两端电动势 E_M、E_N。根据欧姆定律、基尔霍夫电压定律（KVL）、基尔霍夫电流定律（KCL），可以列出 M 侧流过的电流的矢量表达式，详见式（3-30）。

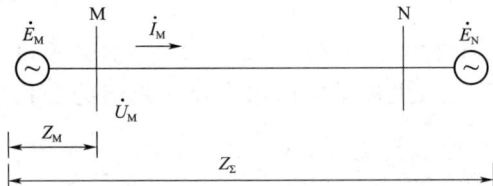

图3-27 系统振荡时测量阻抗的变化规律示意图

$$\because \dot{I}_M = \frac{\dot{E}_M - \dot{E}_N}{Z_\Sigma} = \frac{\dot{E}_M(1-e^{-j\delta})}{Z_\Sigma},$$

$$\dot{U}_M = \dot{E}_M - I \cdot Z_M$$

$$\therefore Z_M = \frac{\dot{U}_M}{\dot{I}_M} = \frac{\dot{E}_M - \dot{I}_M Z_M}{\dot{I}_M} = \frac{\dot{E}_M}{\dot{I}_M} - Z_M$$

$$(3-30)$$

$$= \frac{Z_\Sigma}{1-e^{-j\delta}} - Z_M$$

为了得到测量阻抗的规律，接下来的目标就是要分析式（3-30）。接下来我们对表达式 $(1-e^{-j\delta})$ 进行变换。经过三角函数的变换、应用半角公式，最后得到了结论。

$(1-e^{-j\delta})$ 的变换：

$$1-e^{-j\delta}=1-(\cos\delta-j\sin\delta)$$

$$=2\sin^2\frac{\delta}{2}+j2\sin\frac{\delta}{2}\cos\frac{\delta}{2}$$

$$=(1-\cos\delta)+j\sin\delta$$

$$=2\sin\frac{\delta}{2}\left(\sin\frac{\delta}{2}+j\cos\frac{\delta}{2}\right)$$

$$\therefore\frac{1}{1-e^{-j\delta}}=\frac{1}{2\sin\frac{\delta}{2}\left(\sin\frac{\delta}{2}+j\cos\frac{\delta}{2}\right)}\left(\text{同乘以 }\sin\frac{\delta}{2}j\cos\frac{\delta}{2}\right)$$

$$=\frac{\sin\frac{\delta}{2}-j\cos\frac{\delta}{2}}{2\sin\frac{\delta}{2}}\tag{3-31}$$

$$=\frac{1}{2}\left(1-j\,\text{ctg}\,\frac{\delta}{2}\right)$$

经过整理，在系统发生振荡时测量阻抗 Z_m 的变化规律可以用以下的形式进行表达。

$$Z_m=\frac{\dot{U}_m}{\dot{I}_m}=\frac{\dot{E}_M-\dot{I}_mZ_M}{\dot{I}_m}=\frac{\dot{E}_M}{\dot{I}_m}-Z_M$$

$$=\frac{Z_\Sigma}{1-e^{-j\delta}}-Z_M\tag{3-32}$$

$$=\left(\frac{1}{2}Z_\Sigma-Z_M\right)-\frac{1}{2}Z_\Sigma j\tan\frac{\delta}{2}$$

既然可以把测量阻抗的表达式写成式（3-32）的形式。类似复数中实部部分加虚部部分的表达，我们可以把坐标系进行相应的变换——把 $\left(\frac{1}{2}Z_\Sigma-Z_M\right)$ 作为实部，后一项 $-\frac{1}{2}Z_\Sigma j\tan\frac{\delta}{2}$ 作为虚部来进行分析。

通过矢量的加法作图，可以得到 M 处测量阻抗末端的变化轨迹。如图 3-28 所示，图中虚线就是测量阻抗的变化轨迹。当 δ 从 $0°$、$-90°$、$-180°$、$-270°$、$-360°$，这样一个周期变化的过程中，这个"虚部"的变化特点是沿着虚线从一侧无穷远处移动到另一侧无穷远处。图中做出几个典型功角对应的测量阻抗的矢量。

当假设 M 和 N 两侧电动势大小相等时，有以上结论。

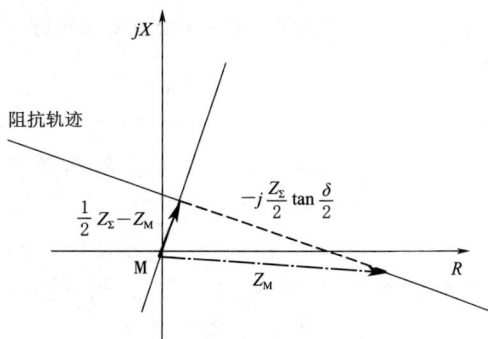

图 3-28　测量阻抗末端的变化轨迹

设 $\rho_M = Z_M/Z$ 表示 M 侧等值系统阻抗占全部综合阻抗的比例。在一定程度上 ρ_M 反映了保护安装处的位置。

举个例子。如图 3-29 所示，假设在 M 处装设了方向特性的阻抗继电器。那么可以看出，在系统振荡的时候，测量阻抗的末端从一侧无穷远处沿着直线达到另一侧无穷远处，周期性发生变化——不断地进入方向圆的动作区，然后穿出动作区，在下一个周期又进入再穿出。振荡不是故障，因此在进入动作区的时候会造成距离保护的误动；相反，另外一种情况，无论 δ 等于多少，测量阻抗的变化轨迹都远离保护动作区。这样的话距离保护肯定是不会误动。

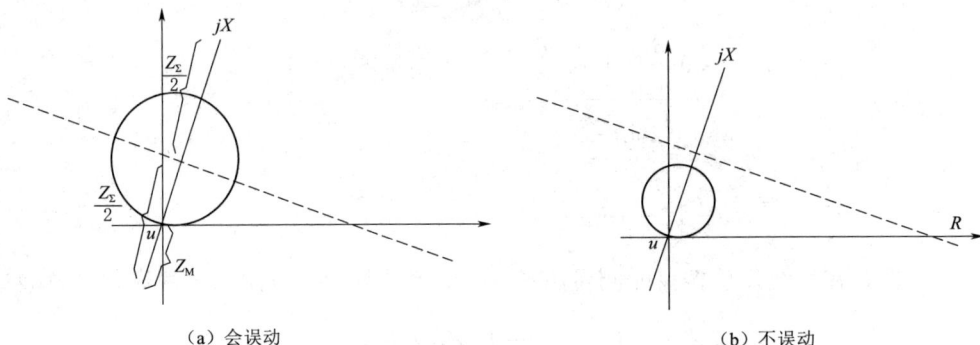

（a）会误动　　　　　　　　　　　　　（b）不误动

图 3-29　振荡中心和不同整定阻抗特性的关系

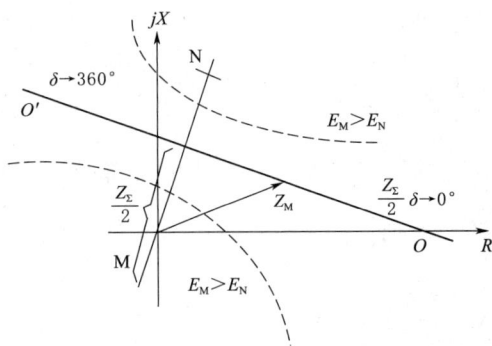

图 3-30　理想情况下的测量阻抗变化轨迹

但是，运行方式可能会变化，那会造成 Z 和 Z_M 的变化，因此这个动作区可能也会发生变化。因此在特殊情况下也会引起误动。

刚才是理想条件，即假设 E_M 和 E_N 大小相等，如果不等的情况下，我们又有不同结论。

当 E_M 大于 E_N 时（即 E_N/E_M 应该是小于 1 的），如图 3-30 所示，测量阻抗的变化轨迹不再是一条直线，而是这样的一条上面的曲线（虚线）；相反，如果 E_M 小于 E_N，变化轨迹应该是下面这根曲线（虚线）。

通过这节课分析关于振荡发生时测量阻抗的变化规律，我们得到两个基本结论：①如果系统 M 和 N 侧的测量阻抗相等的时候，测量阻抗末端的轨迹应该是一条直线；如果二者幅值不等时，测量阻抗末端的轨迹是一条曲线。②保护安装 M 处到振荡中心 OS 的阻抗与 M 侧的阻抗占综合阻抗的比例大小 ρ 密切相关的比值 ρ_M，一定程度上代表了距离保护在系统中的安装位置。因此，距离保护安装在系统不同的位置，受振荡的影响是不同的。

第31课　振荡对距离保护的影响

前面讨论了电力系统振荡发生时电流的变化规律，以及测量阻抗在一定假设条件下的变化规律。目的就是为了研究振荡对距离保护的影响。

阻抗继电器是否误动以及误动时间的长短主要取决于两点：第一，阻抗继电器与振荡中心的位置。保护安装 M 处到振荡中心之间的阻抗与 M 侧系统等值阻抗和综合阻抗的比值大小密切相关。当这个比值小于 1/2 时，即保护安装处在送电端且振荡中心位于保护的正方向的时候。如图 3-31 所示，振荡时测量阻抗末端轨迹的直线在第一象限内与综合阻抗 Z_Σ 相交。根据保护的动作特性，测量阻抗可能穿越动作区，当这个比值恰好等于 1/2 时，即保护安装 M 处正好就是振荡中心，该阻抗等于 0，测量阻抗末端轨迹的直线在坐标原点处与 Z_Σ 相交，正如图 3-31 中加粗这根直线，肯定穿越保护动作区。当这个比值大于 1/2 时，即振荡中心在保护的反方向时，振荡时测量阻抗末端轨迹的直线在第三象限内与 Z_Σ 相交，是否会引起保护误动，视保护的动作特性而异。例如如果是方向圆，在第三象限本身就没有动作区，所以不可能穿越动作区。但是如果是全阻抗圆，一般就会穿越动作区。可见，距离保护安装在不同位置受振荡的影响是不同的。总之，我们希望测量阻抗末端轨迹的这条直线离动作区越远越好，不相交最好，不穿越动作区，就不会使得保护误动。

第二，动作的范围。这里分两个层面：一个是整定值的大小，一个是动作特性的形状。

首先观察苹果形、方向圆以及椭圆形三种阻抗特性。如图 3-32 所示。

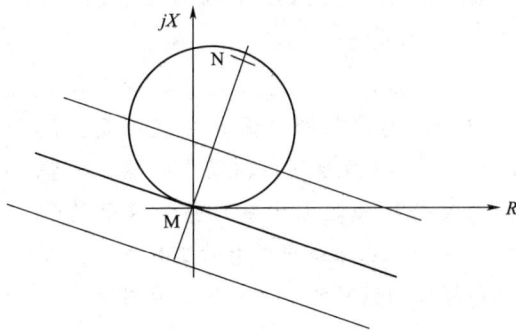

图 3-31　振荡中心位置对距离保护的影响　　　图 3-32　阻抗特性不同对距离保护的影响

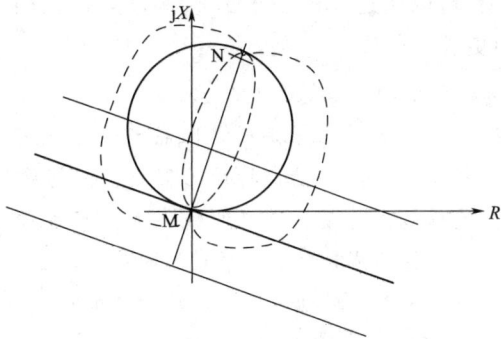

讨论如前所述，第一种情况，即测量阻抗末端轨迹直线与动作区域在第一象限相交的情况。显然，这三种阻抗特性均受到振荡影响。但振荡影响的时间是依次递减，也就是说，椭圆型阻抗特性的继电器此时受振荡影响的时间是最短的。方向圆特性的各段（Ⅰ段、Ⅱ段和Ⅲ段）也会受到不同程度的影响。

当振荡中心落在本线路保护范围之外的时候，保护策略阻抗都不会进入距离保护Ⅰ段的动作区，距离保护Ⅰ段将不受振荡的影响。但是由于距离保护Ⅱ段与Ⅲ段的整定阻抗一般比较大，振荡时的测量阻抗比较容易进入其动作区，所以距离保护Ⅱ段、Ⅲ段的测量元件可能会动作。

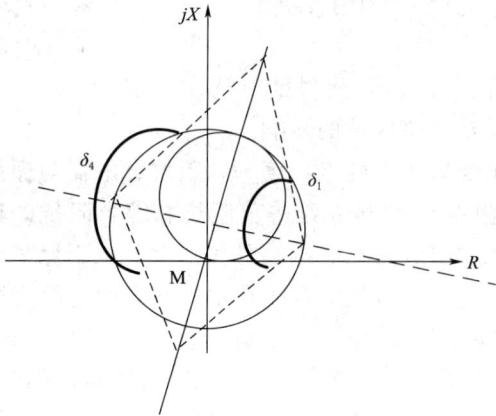

图 3-33　δ 的变化轨迹

举例说明，系统振荡时对不同特性的影响是不同的。首先我们来看方向阻抗继电器。方向圆的特点是具有明显的方向性，仅在第一象限和第二象限有动作区，坐标系的原点在圆周上。如图 3-33 所示，当系统振荡发生时，δ 从 0°增大到 360°的过程中，测量阻抗的变化轨迹将沿着这条直线移动。首先，当 δ 等于 δ₂ 的时候，测量阻抗进入动作区；当 δ 等于 δ₃ 的时候，穿出方向圆动作区。因此，误动的角度是 δ₂ 到 δ₃，这会使方向阻抗继电器产生误动。

接下来看全阻抗继电器，圆心在坐标系的原点。全阻抗圆在四个象限动作区是平均分配的。那么依然是测量阻抗的变化轨迹在这条虚线上移动。当 δ 从 0°开始变化，当 δ 等于 δ₁ 的时候，进入全阻抗圆的动作区；当 δ 等于 δ₄ 的时候，穿出全阻抗圆的动作区。显然全阻抗继电器误动角度的区域是 δ₁ 到 δ₄。

误动的时间怎么计算？如果已知振荡周期 T_s，用穿出动作区的角度减去进入动作区时的角度这个差（即 $\Delta\delta$），除以 360°，再乘以 T_s，详见式（3-33）。

$$t=\frac{\Delta\delta}{360°}T_s \tag{3-33}$$

可以通过作图法求出 δ_n。显然，全阻抗特性比方向特性受振荡影响而发生误动的时间更长。

电力系统振荡时，阻抗继电器是否误动，误动的时间长短与保护安装位置、保护动作范围、动作特性的形状、振荡周期长短有关系。安装位置离振荡中心越近，整定值越大，动作特性曲线在整定阻抗垂直方向的动作区域越大，越容易受振荡的影响，振荡周期越长，误动的时间也越长。虽然并不是安装在系统中所有的阻抗继电器在振荡时都会误动，但是出厂时要求阻抗继电器配备振荡闭锁功能，使之具有通用性。

第 32 课　振荡闭锁措施

回顾本章开始所研究的距离保护的构成，其中第三部分就是振荡闭锁。前几堂课讨论了振荡时电流、电压以及测量阻抗的变化规律，也了解了振荡对距离保护的具体影响。接下来，这堂课研究距离保护的振荡闭锁措施。

首先，有以下三点要求。

（1）振荡时不应误动。

振荡闭锁
措施

（2）振荡过程中发生不对称故障时，保护应该正确动作。

（3）全相振荡中三相短路时，应可靠动作，但允许延时。

前面我们主要分析了振荡和变化规律，但不涵盖全部的情况，还有两个影响因素再来分析一下。

静态稳定破坏由小扰动引起，比如负荷调节不当、线路误跳、电源退出等。我们以电流有效值为例研究。当电流在振荡时发生变化的时候有可能会超出最大动作电流，造成电流保护误动。而阻抗的变化规律是，峰值和电流的谷值分别对应振荡中心（图3-34）。

动态稳定破坏由大扰动引起，比如短路。从图3-35中可以观察到，电流有效值以及阻抗的大小随着时间的变化而变化的规律。如果短路发生在阻抗元件的动作范围之外，经过理论分析和工程实践表明，短路后引起的动稳态破坏后0～0.05s之间电流变化的曲线应该近似于短路电流曲线，而在0.15s之后才可能导致阻抗元件的误动。当然前提是阻挡元件需要进行合理的阻抗整定。

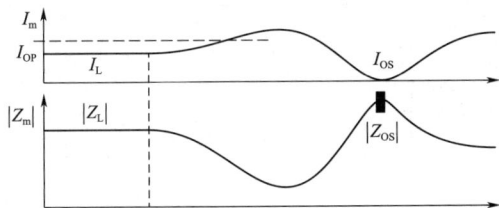

图3-34 静态稳定遭到破坏的情况　　　　图3-35 动态稳定遭到破坏的情况

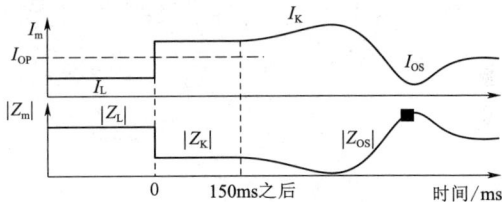

振荡时电气量的特征归纳：

静态稳定破坏：刚开始时，电流、阻抗变化较小，且三相对称（无负序、零序分量、无故障分量）。

动态稳定破坏：刚开始时，电流、阻抗变化很大，各种短路均有故障分量，不对称短路还有负序、零序分量，且分析、研究表明：在故障150～250ms之后，才可能导致距离保护误动。

由于I_k、I_0、I_2等参量是故障时出现的，可以判别系统是否发生故障，因此，继电保护通常将这三个电气量作为启动元件来判别系统是否发生故障。这是上堂课讲到的距离保护构成的第一个部分——启动部分。如图3-36所示，它们三者之间是逻辑"或"的关系，只要任何一个条件满足，那么就会引起故障启动。

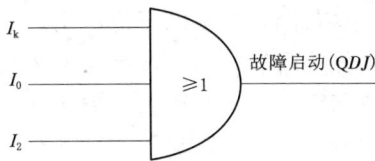

图3-36 启动元件

根据不同的特征我们来制定不同的判据。

当距离保护第Ⅲ段动作时，而启动元件没有动作，我们认为静态稳定发生了破坏。

当第Ⅲ段距离保护动作，与启动元件几乎同时动作，那就认为此时发生了短路。短路后若无振荡，将不影响距离保护；若有振荡，则会影响距离保护。

在故障启动150～250ms之后，才可能出现动态稳定破坏（失稳），因此，利用此特征，允许在150～250ms之内投入距离保护Ⅰ段、Ⅱ段。这个时间段称为"短时开放"

时间。

如图 3-37 所示，即为振荡闭锁的措施，由距离保护Ⅰ段可以直接引起跳闸。还有故障的判断，保持 150ms。还有距离保护的Ⅱ段。其中保持 150ms 我们可以用这样的逻辑关系来描述。这里的短时开放 150ms 目的是避免动稳定破坏而导致保护误动。

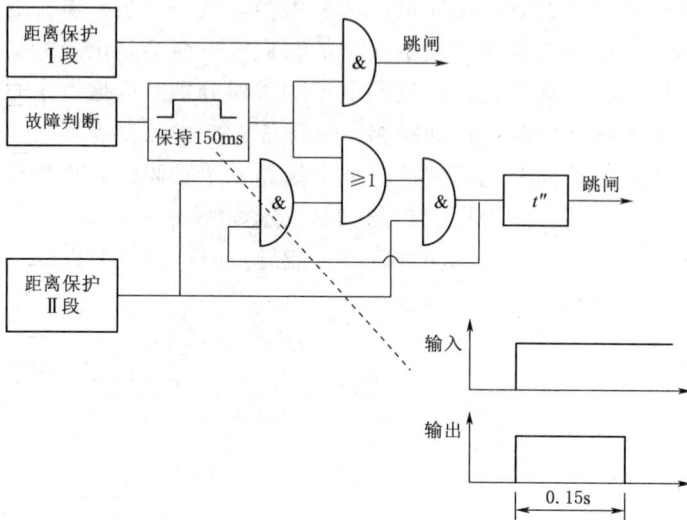

图 3-37　振荡闭锁的措施

振荡保护的措施有以下几点：系统短路时，利用故障判断元件短时开放保护；利用阻抗变化率的不同（如短路、振荡等）；利用动作的延时。

其中短时开放适用于第一种情况，故障分量启动之后，允许距离保护Ⅰ段、Ⅱ段立即投入判别，如果动作，则继续开放，直到跳闸或返回。

第二种情况，如果 150ms 内，距离保护Ⅰ段、Ⅱ段不动作，就闭锁距离保护Ⅰ段、Ⅱ段，避免误动——称为振荡闭锁（无论是否振荡）。

第三种情况，距离保护Ⅲ段靠 1.5s 以上的延时防止振荡的误动。

这是国内采取的很好的措施，现在仍然坚持采用。

振荡闭锁之后，如果又发生短路，则没有了距离保护Ⅰ段、Ⅱ段，只能靠距离保护Ⅲ段来切除故障（延时长，但零序有效）。

应当说，在距离保护进入到振荡闭锁状态后，系统可能会出现振荡，而更多的情况是系统没有振荡。但是，每个继电保护的功能还是以防误动为主。

于是，短时开放的设计思想几乎成为我国距离保护的规范设计。

为了解决振荡闭锁期间再次发生故障的问题，又采用了判断是否又发生短路的方法，称为再开放。最好仅开放故障相对应的阻抗——测量阻抗较稳定。

　　这节课介绍了短路与振荡的差异，主要从以下三个方面比较：电气量对称性、电气量变化速度及规律、继电器动作、返回的规律。
　　另外还了解了国内常用的闭锁振荡措施。

第 33 课　距离保护的影响因素

这堂课讨论距离保护的影响因素。对距离保护产生影响的主要问题归纳如下：

（1）TV 断线的影响。

（2）振荡的影响。

（3）过渡电阻的影响（本节课主要讨论的问题）。

（4）串补电容的影响。

（5）暂态分量的影响。

（6）测量电流、电压误差的影响。

短路点过渡电阻对距离保护的影响。

首先来认识一下短路点过渡电阻的性质。电弧电阻，中间物质（树、竹）电阻，导线与地的接触电阻，金属杆塔的接地电阻等，这些构成过渡电阻。

第一种情况，相间短路：电弧电阻为主。可以列出式（3-34）这样的表达式，根据经验电弧电阻 R_g 等于 1050 乘以 l_g 除以 I_g，电弧电阻和电弧长度成正比，和电路电流成反比。弧光电阻不是很大，因为研究表明：弧光电压近似于恒定，约为 $5\%U_N$。

$$R_g = 1050\frac{l_g}{I_g} \tag{3-34}$$

第二种情况，单相接地：杆塔的接地电阻和接触物体（树木、竹子）等。标准：500kV 按照 300Ω 考虑；220kV 按照 100Ω 考虑。

目前，在这么大接地电阻的情况下，主要靠零序电流保护来切除故障，但是距离保护应该予以分析，并研究对策。实际上主要考虑短路点的电流达到 1kA 时，要求保护动作。

如图 3-38 所示，故障点与大地之间用过渡电阻 R_g 来表示，那么在 M 处测量阻抗 Z_{m3} 应该等于 R_g，而 Z_{m1} 应该等于 $Z_{AB}+R_g$。可以用图 3-38（b）所示矢量的加法来理解。

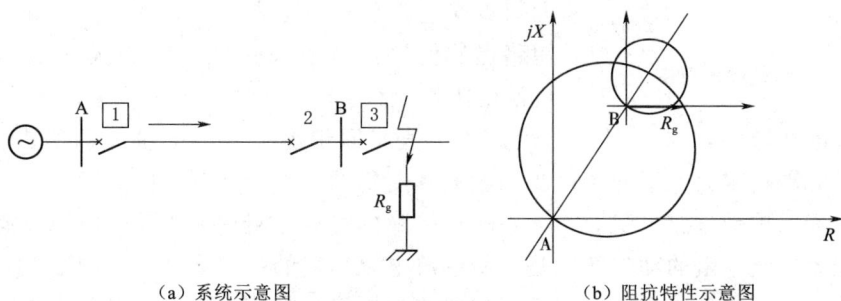

（a）系统示意图　　　　　　　　　　（b）阻抗特性示意图

图 3-38　过渡电阻对距离保护的影响

造成的影响如下：

（1）使测量阻抗增大、拒动或保护范围缩短。

（2）保护装置距离短路点越近，受到的影响越大，可能导致保护无选择性动作。

（3）线路越短，整定值越小，所受影响越大。

如图 3-39 所示，双侧电源线路过渡电阻的影响，在保护 3 处的测量阻抗的表达式详见式（3-35）。这是根据欧姆定律以及 KVL、KCL 得到的表达式。在图 3-39 中我们发现由于过渡电阻的存在，导致了测量阻抗穿出动作区会使保护 3 拒动。那么在保护 1 处的测量阻抗可以表达成由两个矢量组合而成的形式。

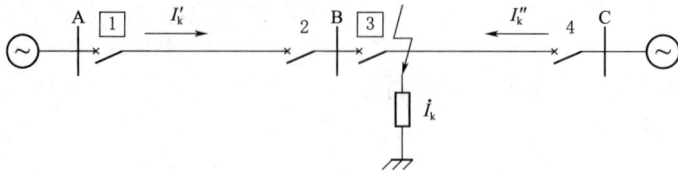

图 3-39 双侧电源线路过渡电阻的影响

$$Z_{m.3} = \frac{\dot{U}_B}{\dot{I}'_k} = \frac{\dot{I}_k R_g}{\dot{I}'_k} = \frac{\dot{I}'_k + \dot{I}''_k}{\dot{I}'_k} R_g$$

$$= R_g + R'_g e^{j\alpha} \qquad (3-35)$$

其中，$R'_g = \dfrac{\dot{I}''_k}{\dot{I}'_k} R_g$，$\alpha = \arg \dfrac{\dot{I}''_k}{\dot{I}'_k}$。

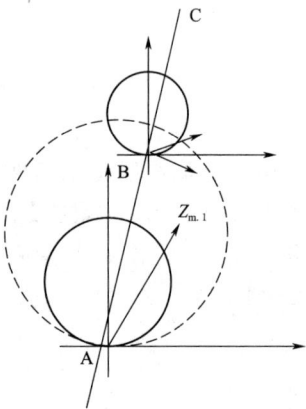

图 3-40 稳态超越示意图

我们把矢量的加法应用进来得到了 $Z_{m.1}$，它的实际位置是图 3-40 中下方箭头所在的。那可以看出 $Z_{m.1}$ 是超出了保护 1 的 Ⅰ 段而进入了保护 1 的 Ⅱ 段，因此保护 1 的 Ⅱ 段可能会误动作。

具体分析一下 α，分子分母主要是和两侧电动势有关。

$\alpha > 0$ 时，A 侧为受电侧，过渡电阻的影响呈感性。

$\alpha < 0$ 时，A 侧为送电侧，过渡电阻的影响呈容性。

这种因过渡电阻的存在而导致保护测量阻抗变小，进而引起保护误动或拒动的现象，称为距离保护的稳态超越。

如何克服过渡电阻的影响？

短路点的位置：对于圆特性，保护区的始、末端短路时，过渡电阻影响大。

阻抗继电器特性：对于同一特性，整定值相同情况下，+R 轴方向所占面积越小，受过渡电阻的影响越大。不同特性受影响的程度不同，如偏转圆、四边形。

接地距离保护受过渡电阻影响大：接地故障的过渡电阻远大于相间故障过渡电阻。采用能容许较大过渡电阻的动作特性是克服过渡电阻影响的主要措施，如图 3-15 所示准四多边形特性：上面这条线是考虑防止相邻线路出口经过过渡电阻短路时因稳态超越而造成误动；右边这条线，边界主要是为了提高躲过渡电阻的能力；下面这根线主要是保证线路出口经过过渡电阻短路时，保护可靠动作，我们可以不用记忆电压；左边这根线，输电线路金属性短路时，动作特性要有一定裕度。所以躲过渡电阻性能优于圆特性。

为了克服过渡电阻的影响，应当尽量加大动作边界（动作区域）。

但是，为了躲振荡影响，又希望动作区域小一些。

目前，距离保护的一般解决办法是：刚故障时（150ms 内），以提高躲过渡电阻的能力为主（振荡轨迹还不会落入阻抗特性以内），避免拒动；150ms 以后，以防止振荡为主，避免误动。配置零序电流保护（受振荡影响较小，灵敏度高）。

> 本节课主要讨论了距离保护的影响因素，主要是其中过渡电阻对距离保护的影响及其相应对策。为了克服过渡电阻的影响，应当尽量加大动作边界（动作区域）。
>
> 但是，为了躲振荡影响，又希望动作区域小一些。
>
> 这种矛盾普遍存在于各种保护原理，因此要想方设法去平衡各种因素，使它们达到辩证统一，这其实也是评价保护原理优劣的更高标准。

习　题

1. 为什么距离保护的动作区域通常设计为一个"面"或"圆"的形式？

2. 请说明测量阻抗、整定阻抗、临界动作阻抗的含义，并说明保护安装处的负荷阻抗、短路阻抗、系统等值阻抗的含义。

3. 阻抗元件的方向圆特性、偏移圆特性是否存在出口死区？若存在出口死区，那么通常采取何种措施？

4. 偏移圆特性如图 3-41 所示，请写出基于 $\arg = \dfrac{Z_m - Z_{set}}{Z_m + \alpha Z_{set}}$ 的相位比较动作方程。

$$\arg = \frac{Z_m - Z_{set}}{Z_m + \alpha Z_{set}} \in (-180°, -90°) \cup (90°, 180°)$$

5. 请写出常用的相间 0°接线方式、接地 0°接线方式引入的电压与电流，并说明二者分别能否应用于哪些故障类型？

6. 与相间电流保护相比较，试归纳出距离保护的主要特点。

图 3-41　题 3.4 图

7. 电力系统振荡时，电流、电压、测量阻抗是如何变化的？

8. 仅从阻抗特性的角度来说，在振荡时，希望 R 轴方向的范围小一些，但是从提高耐受过渡电阻的能力来说，又希望 R 轴方向的范围大一些，因此，二者的要求是矛盾的。

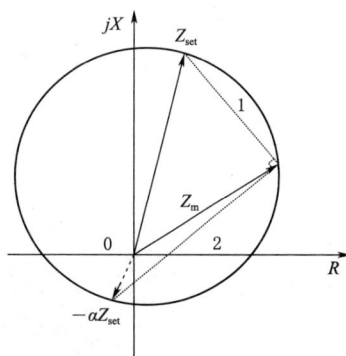

在微机保护中，通常采取何种方案兼顾二者的要求？

9. 在单电源线路上，过渡电阻会对距离保护产生什么影响？

10. 影响距离保护正确工作的因素有哪些？主要采取何种措施克服不利因素的影响？试说明：这些措施的目的是什么？

讨　　论

阻抗继电器动作方程的推导过程，体现了典型的用数学工具解决工程问题的思想，请列举其他应用该思想的电力系统工程问题。

第四章

纵 联 保 护

本书第二、三章分别介绍了电流保护、距离保护，这些都是最基本的基于单端电气量的保护原理。它们共同的缺点是无法实现全线速动，在电压等级比较高的线路将不再适用。为弥补这一缺陷，本章提出基于双端电气量的保护——纵联保护。这就是本章主要研究的内容。

第34课　输电线路纵联保护概述

这节课开始进入新的继电保护原理——输电线路纵联保护。纵联保护目前在高压以及超高压输电线路应用最为广泛，并且，由于其原理比较完善，往往被选为主保护。

输电线路
纵联保护
概述

仅利用线路一侧的电气量所构成的继电保护（单端电气量），无法区分本线路末端与相邻线路（或元件）的出口故障，如电流保护、距离保护。

为此，需要设法将被保护元件两端（或多端）的电气量同时进行比较，以便判断故障是在区内还是区外。

将两端保护装置的信号纵向联结起来，构成纵联保护。单端电气量保护仅利用被保护元件的一侧电气量，无法区分线路末端和相邻线路的出口短路，可以作为后备保护或出口故障的第二种保护。通常设计为三段式。

纵联保护利用保护元件的各侧电气量，可以识别内部和外部的故障，但是不可以作为后备保护使用。纵联保护以整条线路为保护区，只需要区分线路上的内部故障以及线路之外的外部故障，因此不能作为相邻元件的后备保护。

如图4-1所示，信号在设备的纵向之间进行交换，这个纵向可以理解为沿着输电线路纵深的方向，故称为"纵向"。与纵向垂直，即线路对地的方向称为"横向"。比如，各种短路故障都是横向的故障。从图4-1中还可以看到线路两侧的变电站均装有继电保护装置以及相应的通信设备，设备之间通过信道相连，这就是输电线路纵联保护的结构

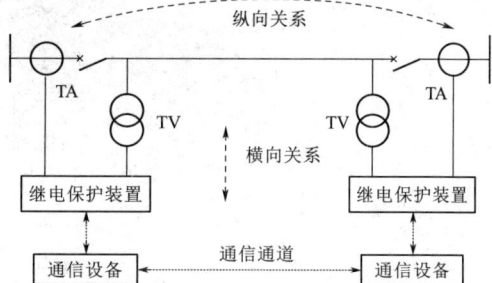

图4-1　输电线路纵联保护的结构框图

框图。

一、信号交换的途径（通道）

纵联保护输电线路中存在信号交换。信号交换的途径（通道）一般有以下几种：

（1）导引线通信。主要应用于发电机、母线、变压器、电抗器等保护。仅应用于就近的 TA 连接方式。

（2）电力线载波。仅传输"有""无"高频信号。主要应用于传输方向或相位信息。载波保护在继电保护发展历史上占据了较长时间。

（3）微波通信。也可以传输数字信息，但衰减受气候影响较大，且属于"视距传输"，传输距离受限制。

（4）光纤通信。可以传输较多数字信息，如传输三相电流、电压的采样值、相量、跳闸信息、断路器状态信息等，并且有校验码，可靠性很高。将光纤安置在架空地线中，构成地线复合光缆 OPGW。

二、纵联保护的分类

纵联保护有多种分类方法，可以按照通常类型或动作原理进行分类。

（1）按通道类型可分为导引线、电力线载波、微波、光纤。

（2）按动作与原理可分为比较方向、比较相位、基尔霍夫电流定律（差电流）。

（3）将通道类型与动作原理结合起来进行区分，如：光纤电流差动（简称光差）就意味着光纤是其通信信道，电流差动是其动作原理。

> 这节课，初步认识了纵联保护，并且对纵联保护进行了分类。

第 35 课　两侧电气量的特征

两侧电气量的特征

继电保护原理的形成思路，主要就是找差异、做区分，纵联保护也不例外。这节课就是学习如何找到故障和正常状态下某种电气量的差异。

分析和讨论电气量特征的目的，其实就是寻找内部故障与其他工况，包括正常运行和外部故障时的特征区别和差异，进一步利用这个特征和差异来提取判据构成继电保护的原理。当然，构成原理之后还要再继续分析它的影响因素，并且研究消除影响因素的对策以及措施。此时需要权衡利弊。下面介绍三种电气量的故障特征。

（1）两侧电流向量。两侧电气量在正常和故障时究竟有什么样差异？首先来分析第一个故障特征——两侧电流向量的故障特征。先回顾基尔霍夫电流定律，这是一个非常经典的基本的定律——在一个节点中流入电流等于流出的电流。按照继电保护规定的正方向——由保护指向被保护元件，针对线路保护，一般都是由母线指向被保护线路。扩展一下，基尔霍夫电流定律可以修改为：流入任何一个节点的电流之和等于 0。这个"和"指"矢量和"，既有大小又有方向。下面用图 4-2 来说明。

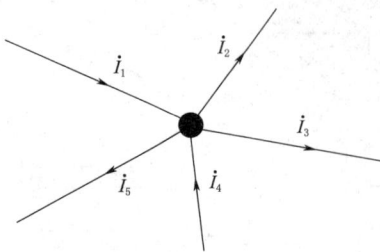

图 4-2　基尔霍夫电流定律示意图

如图 4-2 所示，流入节点的电流是 I_1 加 I_4，流出节点的电流是 I_2、I_3 与 I_5 之和。由基尔霍夫电流定律就可以得出

$$\dot{I}_1+\dot{I}_4=\dot{I}_2+\dot{I}_3+\dot{I}_5 \qquad (4-1)$$

把等式右边移到等式左边整理可得

$$\dot{I}_1+\dot{I}_4-\dot{I}_2-\dot{I}_3-\dot{I}_5=0 \qquad (4-2)$$

式（4-1）就表明注入节点的电流之和等于 0。该式可以简写成

$$\sum \dot{I}=0 \qquad (4-3)$$

下面对基尔霍夫电流定律进行扩展——把刚才的一个节点扩展成被保护的设备。本章讨论的被保护对象为输电线路，那么被保护设备就是一条线路。

在正常运行和外部短路的时候，所有注入节点的电流之和仍然等于 0。那么在发生内部短路的时候，多出一个流入大地的短路电流 $\dot{I}_k$，如图 4-3 所示。这和刚才介绍的正常运行和外部故障是不同的。所以所有注入被保护设备的电流之和等于流出的电流就是短路电流，即

$$\sum \dot{I}=\dot{I}_k \qquad (4-4)$$

短路电流是相当大的。那么，在 0 和 $\dot{I}_k$ 之间寻找一个门槛，输入继电器的电流如果大于这个门槛，被保护设备就发生了内部的故障；如果小于这个门槛值，就认为是正常运行状态或者是外部的故障。

基于这种区别，就构成了的继电保护原理即电流差动保护。它广泛地应用于各种设备的保护，尤其是发电机、变压器这样的贵重元件的保护中。

接下来介绍电流差动这个名称的来历。它其实是和保护的规定正方向有关的。如图 4-4 所示，被保护设备为线路 MN，从负荷或者是外部短路的电流特征来看，正常时两侧电流差等于 0，即

$$\dot{I}_M=\dot{I}_N=0 \qquad (4-5)$$

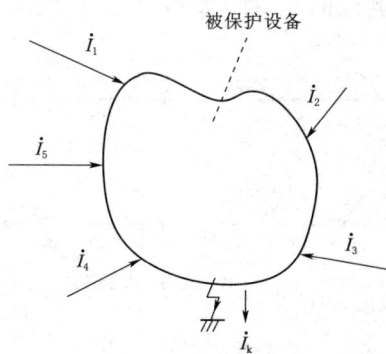

图 4-3　基尔霍夫电流定律拓展示意图　　　图 4-4　两侧电流矢量和比较示意图

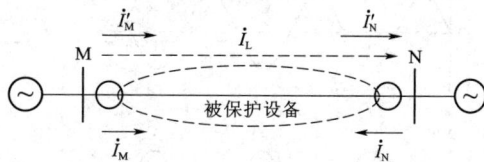

反之，如果存在电流差，就认为发生了内部的故障，保护就该动作。按照继电保护规定的正方向，即母线指向线路为正，此时电流的矢量和等于 0，即

$$\sum \dot{I}_j=0(\dot{I}_M+\dot{I}_N=0) \qquad (4-6)$$

但是习惯上仍然称之为差动保护。

还有一个原因，从后续的保护接线图中可以看到，实现这种电流差动保护的继电器被称为差动继电器，因此称为差动保护和这个原因也有关系。

（2）两侧功率方向。刚才分析了线路两侧电流的差异，接下来继续寻找一下其他的差异，比如两侧功率方向的故障特征，如图4-5所示。在正常运行时两侧功率方向M侧的功率方向是由母线M指向线路MN，和保护M处的规定正方向一致，所以称PM是正的。那么在正常运行时N侧的功率潮流方向是怎样的呢？由于M是送电端，N是受电端，电力潮流由M流向N，那么实际的方向就是由线路MN指向母线N，与在N侧的保护规定的正方向母线N指向线路MN正好相反，因此N侧的功率PN是为负的。外部故障时发现和正常运行情况是一样的。两侧功率方向一正一负，近故障点处为负，远故障点处功率方向为正。这两种情况是一样的。再看看内部短路时有没有区别：在内部线路MN上K点发生了短路故障以后，两侧短路潮流都指向短路点K，这与两侧规定正方向正好一致，可发现两侧短路功率都为正。内部故障和另外两种情况得到的结论是不一样的。

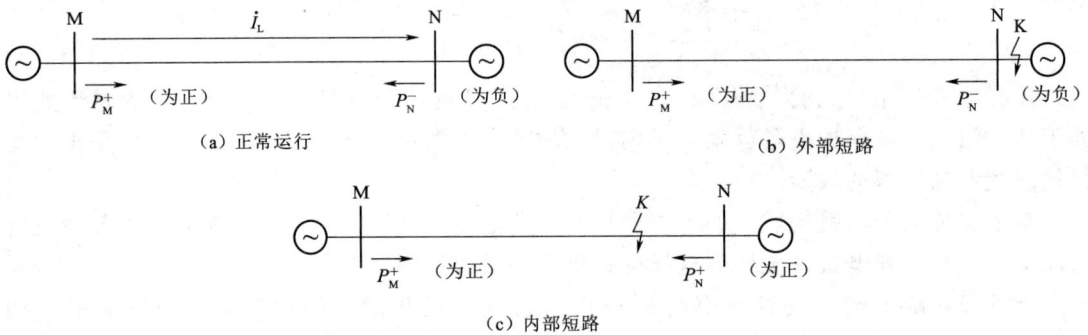

图 4-5　两侧功率方向比较示意图

（3）两侧相位。要想搞清楚还有没有其他的电气量的差异，就要研究两侧电流相位的故障特征。如图4-6所示，在正常运行时电流从M侧流向N侧，M侧电流和规定方向

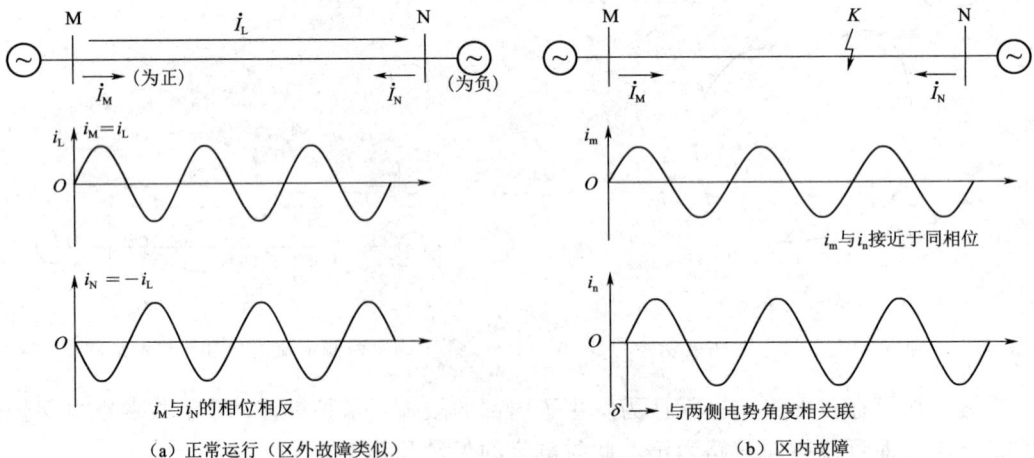

图 4-6　两侧电流相位比较示意图

一致，它的相位可假设是 0°；而 N 侧电流流向与规定正方向相反，可认为相差 180°（约等于 180°）。这种情况下正常运行时可以给出这样的结论：M 侧的电流相位是 0°，N 侧的电流相位是 180°。发生区内故障的时候，又有什么结论呢？当发生区内故障时，线路 MN 上 K 点发生故障时两侧电流都指向故障点 K，与两侧规定正方向完全一致，因此相位都为 0°。考虑到 M 和 N 两侧电动势可能稍有区别，不完全相等，这就决定了两侧电流相位大致相等，但是其差异也绝对不等于 0°。

以上分析了三种电气量的故障特征，接下来再看两侧测量阻抗的故障特征。如图 4-7 所示，在正常和区外故障时，一侧的阻抗可能动作，而另一侧的阻抗是不动作的。当发生区内故障时，两侧阻抗均动作，这就是差异。

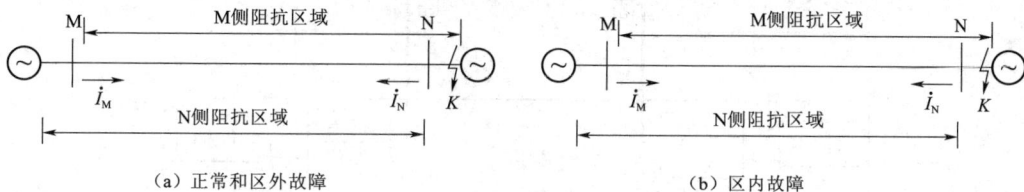

图 4-7　两侧距离保护动作情况比较示意图

综上所述，只有在发生线路内部故障时，希望保护动作；而在正常运行和外部故障时，希望保护可靠不动作。二者之间的特征分界见表 4-1。

表 4-1　　　　　　　　　　特征分界

线路状态	正常运行或外部故障（希望不动作）	内部故障（希望动作）
方向元件	一侧为正，另一侧为负	两侧均为正
阻抗元件	一侧动作，另一侧不动作	两侧均动作
电流相位	相位差 180°	接近同向

以上三种情况下，方向元件在正常运行时一侧为正另一侧为负，而内部故障时两侧都为正；对于阻抗元件，对正常运行或外部故障是一侧动作另一侧不动作，在内部故障时两侧均动作；关于电流的相位，在正常运行时相差 180°，而在发生内部故障时，接近于同现相（几乎为 0°）。至于如何应用这些特征后续会陆续介绍。

通过这节课的讨论发现，相对于单侧电气量，两侧电气量在故障和正常状态下的差别更大。纵联保护不愧是一种近乎完美的保护措施。但是到底哪些实现起来比较方便，还需要继续深入研究。

第 36 课　电力线路载波通道、高频信号

纵联保护中电气量信息发生了纵向联系，两侧信息需要进行交换，那么，需要通过什么措施呢？当然离不开通信。这节课就来研究输电线路纵联保护

电力线路载波通道、高频信号

两侧信息的交换，主要是电力线路的载波通信。

以相地制的高频通道为例。如图 4-8 所示，在输电线路两侧分别有两套高频收发信机，进行高频信号的传递、调制、解调。

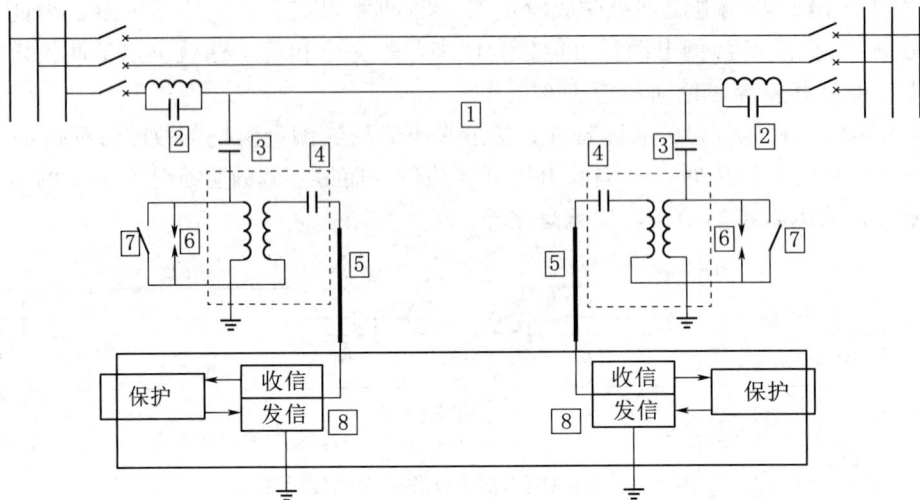

图 4-8　相地制的高频通道

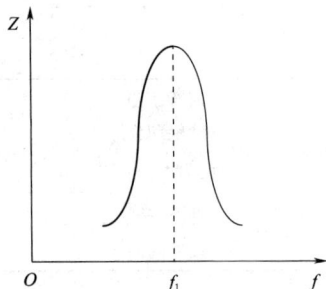

图 4-9　阻波器特性

图 4-8 中 "1" 表示输电线路。以一侧的载波通信为例，"2" 为阻波器。阻波器的性质是，对高频信号呈现开路，对工频信号呈现小于 0.04Ω 的阻抗，如图 4-9 所示。显然阻波器的功能就是通工频、阻高频，一方面防止高频信号穿越到相邻线路，阻波器保障了线路和线路之间互不干扰；另一方面保障了工频信号在输电线路之间能够畅通无阻地传输。"3" 为结合电容器。结合电容器与阻波器功能刚好相反。可以简单地讲，对高频信号呈现小的阻抗，对工频信号呈现开路。简言之就是通高频、阻工频，防止工频大电流侵入收发信机。"4" 为连接滤波器，它起到了高压线路和高频收发信机的一个隔离以及连接的作用。"5" 为一个高频的连接电缆。"6" 为保护的间隙。"7" 为接地的刀闸。"8" 为高频收发信机，对高频信号进行调制解调，并且和保护进行通信。

以上是高频载波工具的组成。高频载波只能体现有高频或者无高频两个信息。

高频通道的工作方式有以下三种。第一种方式是长时发信，即正常时有高频电流的发信方式。平时高频信号一直存在，故障时高频信号中断，有是信号、无也是一种信号。第二种方式是短时发信，即故障启动发信方式，意味着正常时没有高频电流。而只在故障发生的时刻启动发出高频信号。第三种方式是移频方式，即正常时发某一个频率 f_1 的高频信号，而发生故障时频率改变，高频信号变成频率 f_2 的信号，有所区别。

高频信号也有三种，如图 4-10 所示。第一种是闭锁信号，继电保护动作并同时收不到高频信号，这个是跳闸的必要条件，是 "与" 逻辑的关系。第二种是允许信号，继电保护有输出且发出高频信号，两个同时满足，才去启动跳闸，是"与"逻辑的关系。第三种信号是跳闸信号，继电保护动作并发出载波信号或者高频信号，有其中一个条件满足就启动跳闸，是"或"逻辑的关系。

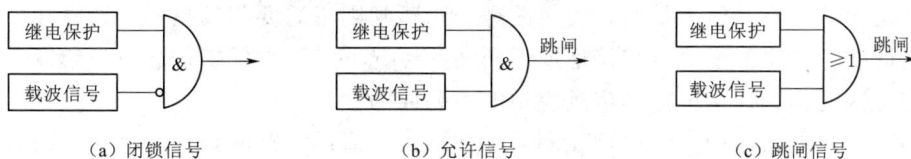

(a) 闭锁信号　　　　　　(b) 允许信号　　　　　　(c) 跳闸信号

图 4-10　高频信号与保护的逻辑关系

综上可知：对于跳闸信号来说高频信号是跳闸的充分条件；对于允许信号来说，高频信号是跳闸的必要条件，但不是充分条件；闭锁信号在这种逻辑下收不到高频信号才是跳闸的必要条件。

这节课学习了输电线路两侧交换方式、通信通道的类型，还学习了高频信道的三种工作方式以及高频信号的三种类型。在接下来的具体应用中，将用到哪一种工作方式、哪一类高频信号，请将它们对号入座。

第 37 课　闭锁式方向纵联保护、电流相位差动保护

闭锁式方向纵联保护

这节课具体讨论纵联保护的两个基本应用：闭锁式方向纵联保护、电流相位差动保护。

首先来看高频闭锁方向纵联保护——闭锁信号由功率方向为负的一侧发出，被两端的收信机接收，闭锁两端的保护。

闭锁式方向纵联保护的原理如图 4-11 所示。

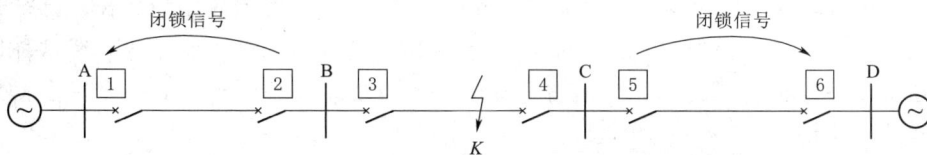

图 4-11　闭锁式方向纵联保护原理示意图

假设故障发生在线路 BC 范围内，那么短路功率的方向就从两端电源流向短路点 K 处。根据保护正方向的规定母线指向线路为正，此时安装在线路 BC 两端的高频保护 3 和保护 4 的功率方向感受为正，保护应该动作于跳闸。此时保护 3 和保护 4 都不发出高频闭锁信号，因而保护在启动之后即可瞬时动作跳开两端的断路器。但是对于非故障线路 AB 和 CD 来讲，靠近故障点一侧的功率方向即保护 2 和保护 5 处的功率方向是为负的，根据刚才高频闭锁方向纵联保护的工作原理，则应该由工作方向为负的一侧发出闭锁信号，将保护闭锁。换句话说就是指分别保护 2 和保护 5 处的高频收发信机发出闭锁信号，保护 1 和保护 6 以及保护 2、保护 5 本身收到了闭锁信号将保护闭锁，不去引起跳闸。而短路点

K 所在的 BC 线路的两侧保护即保护 3 和保护 4 功率方向都为正，不发出闭锁信号。收不到闭锁信号，保护 3 和保护 4 动作于跳闸，这样就可以把线路 BC 的短路 K 切断。

从刚才的分析可以看出，高频闭锁方向纵联保护的优点是：利用非故障线路一段的闭锁信号，闭锁非故障线路不跳闸，而对故障线路跳闸则不需要闭锁信号。这样在内部故障伴随有通道破坏，比如说通道相接地或者断线的情况下，两端保护仍然可以继续工作，可靠地跳闸。这就是这种保护得到广泛应用的主要原因。

闭锁式方向纵联保护接线原理如图 4-12 所示。值得注意的是，这种保护是通过两个高低定值（也就是定值不同）的启动元件实现。低定值的 KA1 是电流启动发信元件，高定值的 KA2 是电流启动停信元件。

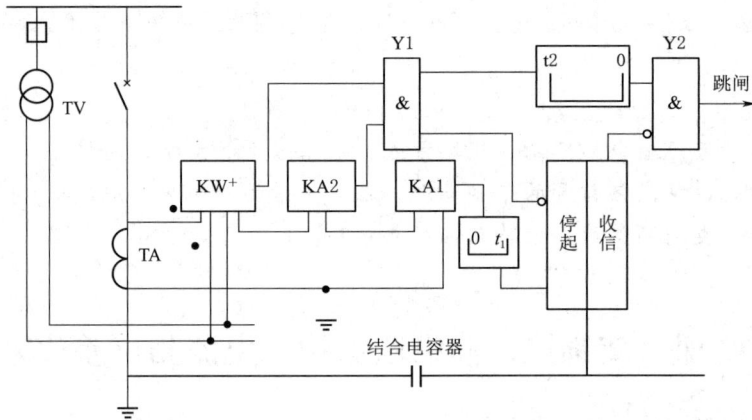

图 4-12 闭锁式方向纵联保护接线原理示意图

图 4-12 中，KW^+ 为功率正方向元件；KA2 为高定值电流起动停信元件；KA1 为低定值电流起动停信元件；t_1 为瞬时动作延时返回元件；t_2 为延时动作延时返回元件。

接下来了解另外一种纵联保护即电流相差高频保护，这种保护是利用高频载波信号传输两侧电流的半周信号。目前这种保护在工程中基本上不采用了，因为其长处已被光纤电流差动保护基本覆盖。另外，光纤差动保护还有其他更多的优点。但是我介绍这种保护的目的是在于了解这种特征的利用。值得一提的是电流相差高频保护还有一个优点就是不必强调采样的同步性。

正弦波调制的过程示意如图 4-13 所示。

被调制的信号是方波，调制以后的信号是高频波。规定在正半周发出高频信号而负半周停发高频信号，这样一个正弦波经过调制以后发出的高频信号如图 4-14 所示。

接下来分析区内故障和区外故障、正常运行时这种调制后的高频信号有什么样的差异。

如图 4-14（a）所示，区内故障时，假设在 K 点发生了故障，两侧的电流同时流向 K 点。两侧电流的方向和规定正

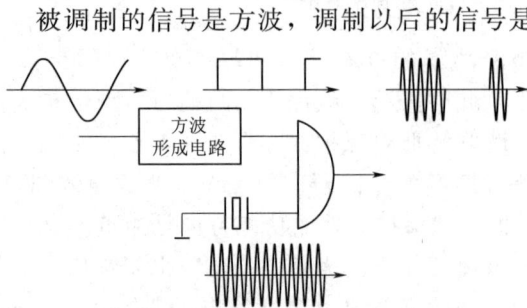

图 4-13 正弦波调制过程示意图

方向恰好一致，因此它们的相位也是相同的。实线正弦波表示 M 侧的电流，虚线正弦波表示 N 侧的电流。根据刚才的规定，正半周发高频信号，负半周停发高频信号，结果便如图 4 - 14（a）所示。

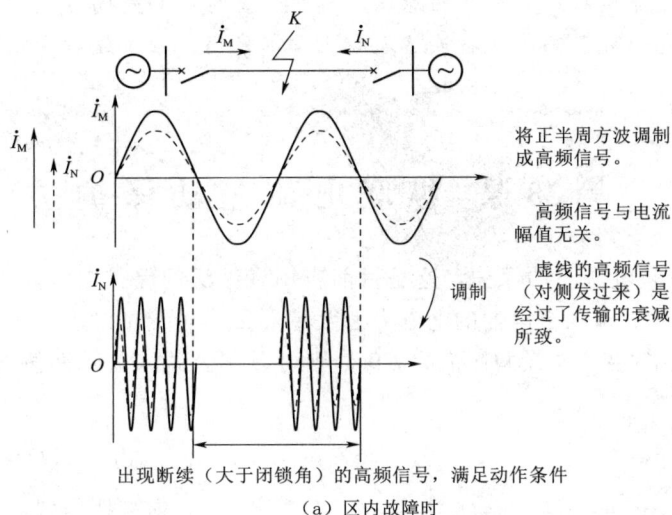

（a）区内故障时

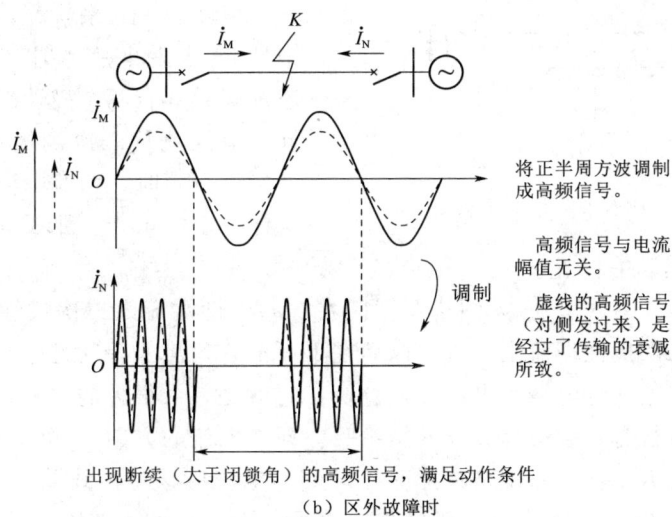

（b）区外故障时

图 4 - 14　某侧收到高频信号的特征

从图 4 - 14（a）中可以观察到，会出现一个断续的高频信号，理想的情况下这个间断的相位是 180°。

如图 4 - 14（b）所示，外部故障时，如果不考虑高频信号传播延时等误差因素的影响，K 点在线路 MN 的外部，故障电流是从 M 侧流向 N 侧，那么对于两侧电流来讲，相对于它们的规定正方向，M 侧为正，N 侧为负，因此相位相反，或者说相差 180°。

根据刚才的规定，正半周时发高频信号，负半周时停发高频信号，图 4 - 14（b）所示的连续的高频波形，如果不考虑高频信号传播延时等误差的影响，理想情况下，外部故障时收信机收到的高频信号就应该是一种连续的高频信号。考虑到实际的误差，可能会出现间断角。在 $0°\sim180°$ 之间选取一个整定角（称为闭锁角），当间断角小于闭锁角时就可以认为发生了外部的故障。

> 这节课讨论了两种纵联保护的原理，其中着重讨论的是闭锁式方向式保护的工作原理。那么电流相差高频保护虽然现在几乎不采用，但是这种特征的利用过程值得学习。

第 38 课　纵联电流差动保护

纵联电流
差动保护

这节课讨论纵联电流差动保护，这是目前应用最广泛的保护之一。

如图 4-15 所示，流入继电器的电流为各互感器二次电流的总和，即 I_m+I_n，电流互感器 Ta 的变比假设两侧都为 nTa，则可以用公式来表示两侧电流矢量之和。由 $\sum \dot{I}_j=0$，得

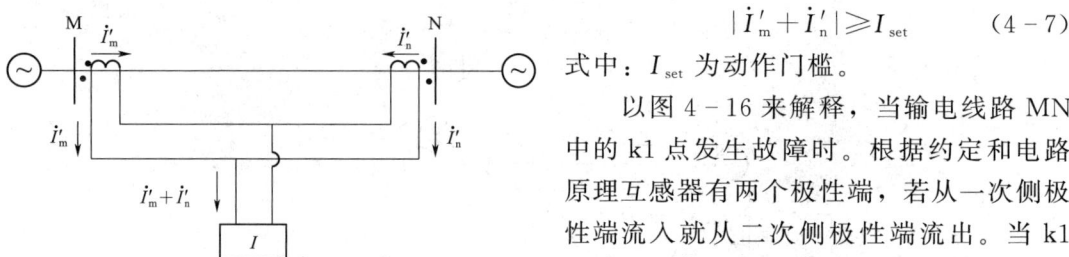

图 4-15　电流差动保护示意图

$$|\dot{I}'_m+\dot{I}'_n|\geq I_{set} \qquad (4-7)$$

式中：I_{set} 为动作门槛。

以图 4-16 来解释，当输电线路 MN 中的 k1 点发生故障时。根据约定和电路原理互感器有两个极性端，若从一次侧极性端流入就从二次侧极性端流出。当 k1 处发生故障时，两侧电流的方向实际指向这样一个故障点，那么 I_m 的流向是从左向右，I_n 的流向是从右向左。

具体来看一下，一次电流 M 侧从左指向右，即极性端流入二次极性端流出；N 侧就是极性端流入、二次极性端流出。流出以后在下面汇合，流入差动继电器，然后流出，形成一个回路。流入差动继电器的电流经过分析，它就是一个很大的故障电流 I_k。

在分析正常运行时，会有什么样的结论呢？同样电流的方向 M 侧依然是从 M 端指向线路，在正常或者 K2 点内部短路故障时，N 侧的电流应该是由线路 MN 指向 N 侧，即指向 N 母线，从左向右，显然和内部短路的时候是不一样的。二次的流入差动继电器的是否还是那个比较大的短路电流呢？在这种情况下，M 侧从极性端流入，二次侧从极性端流出，N 侧从极性端流出从二次极性端流入。

通过这样的分析可以知道，此时的正常负荷电流或者外部短路时的短路电流感应到二次侧，在这里形成环流，并没有流入差动继电器。换句话说，在正常运行或外部故障时流入差动继电器的电流在理想情况下为 0。

由此可知，在内部故障和正常运行时流入差动继电器的电流有很大的区别，即一个是 0，另一个是较大的值。因此可以利用这样一个非常明显的差异来构成纵联差动保护。

实际上，由于两端电流互感器的误差以及互感器本身励磁电流的影响，在正常运行和外部短路的故障下仍然有电流流入差动继电器中，这个电流被称为不平衡电流。稳态情况

下的不平衡电流是影响纵联电流差动保护正确工作的主要因素之一。

如果电流互感器 TA 具有理想特性，按环流接线方式构成纵联差动保护，在正常运行和外部故障时，两个电流互感器二次电流大小相等，相位相反，相加为 0。但实际上由于电流互感器总是有励磁电流，并且励磁电流特性不会完全相同，因此互感器一次、二次侧的电流大小并不只是一个存在一个变比的比例关系，还要减掉一个励磁电流后才会存在这样的比例关系，这也是造成不平衡电流的一个主要原因。

在正常运行及保护范围外部故障时，流入差动互感器的电流即为不平衡电流。两个电流互感器励磁特性的差别会导致励磁电流增加，各种因素的影响将会使得不平衡电流增大，为此需要对电流互感器的特性及其误差做进一步的分析。

经过分析，最大不平衡电流的表达式为

$$I_{\text{unb. max}} = 10\% K_{\text{st}} K_{\text{np}} I_{\text{k. max}} \qquad (4-8)$$

式中各个系数分别表示 10% 的误差、TA 的同型系数、非周期分量系数以及外部短路最大电流的二次值。

为了保证继电保护的正确工作，要求电流互感器在流过故障电流时应该保持一定的准确度。根据国家规定用于保护的电流互感器有 5% 和 10% 两个准确度的等级，实际工作中对于准确度和动作速度要求不高的都是按照电流互感器 10% 误差曲线（图 4-16）来配置二次的总阻抗，当电流互感器的容量和二次总阻抗满足 10% 的误差要求时，在最大的短路电流及二次电流的误差小于 10% 的情况下，相应的角度差不大于 7°。

从以上分析可得到，最安全的动作方程应该是动作量大于制动量。考虑到电流互感器的传变误差是随着电流的大小而变化的，更科学的方案是让制动量浮动起来。所有的电流差动保护研究中，内容之一就是如何选择制动量。常用的制动量有：$K_{\text{res}} |\dot{I}_{\text{m}} - \dot{I}_{\text{n}}|$、$K_{\text{res}} (|\dot{I}_{\text{m}}| + |\dot{I}_{\text{n}}|)$ 和 $K_{\text{res}} \sqrt{|\dot{I}_{\text{m}}| |\dot{I}_{\text{n}}| \cos(\dot{I}_{\text{m}} \hat{} \dot{I}_{\text{n}})}$。

常用的动作方程可以修改成这样的表达式：

$$|\dot{I}_{\text{m}} + \dot{I}_{\text{n}}| \geqslant K_{\text{res}} |\dot{I}_{\text{m}} - \dot{I}_{\text{n}}| \qquad (4-9)$$

式中：K_{res} 为制动系数，考虑各种因素后，一般取 0.5～0.8。

进一步考虑到电流较小的时候，误差会使式（4-9）发生误动，因此再加入一个最小电流的限定。两个条件合并之后就可以得到一个如图 4-17 所示的一个动作区。

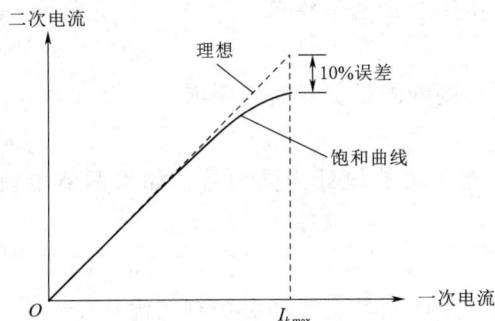

图 4-16 电流互感器百分之十误差曲线示意图

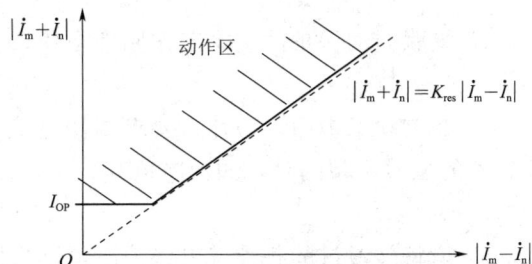

图 4-17 电流互感器 10% 误差曲线示意图

影响电流差动保护的因素还有许多，表 4-2 已经列出了几种影响因素及其相应的对策。还需要注意的是，因为要同时用到两侧电流，需要保持测量的同步性，这一点在实际操作中是非常重要的，这里不再展开。

表 4-2　　　　　　　　　影响电流差动保护的因素及对策

影 响 因 素	对 策	影 响 因 素	对 策
同步问题	设法同步（修正）	分布电容	补偿（利用电压）
不平衡电流	定值考虑	负荷电流的制动	增加故障电流差动
互感器误差	定值考虑	饱和	识别

　　电流差动保护因其可靠性高，不只是应用在高电压等级输电线路中，还在发电机、变压器保护中得到广泛应用。其主要缺点是需要保证两端电气量采集的同步性。

习　题

1. 在已经学习过的继电保护中，哪些是反应输电线路一侧电气量变化的保护？哪些是反映输电线路两侧电气量变化的保护？两者在原理和保护范围上有何区别？

2. 为什么纵联保护能够实现快速跳闸？

3. 哪些通道类型可以应用于构成纵联保护？各有什么特点？

4. 将电力线载波通信应用于纵联保护时，为什么通常只发送"有""无"高频信号？

5. 将电力线载波通信应用于继电保护时，高频信号通常有哪几种工作方式？分别有哪几种逻辑应用方式？

6. 请说明在电力线载波通信中各元件的主要作用及其基本要求。

7. 纵联差动保护的基本工作原理是什么？对两侧的测量信号有何要求？

8. 在差动保护中，为什么要求两侧电流互感器尽可能设计为同型号？如果两侧电流互感器的型号不相同时，如何防范其影响？

9. 请将学习过的各种继电保护原理进行比较，并说明电流差动保护有何优缺点？

10. 纵联保护本身是否具有远后备保护的功能？

讨　论

纵联保护不仅体现电力系统的专业知识，还涉及通信专业知识。请调研，继电保护还主要与其他哪些专业密切相关。

第五章

自 动 重 合 闸

　　本书第二～四章分别介绍了电流保护、距离保护以及基于双端电气量的纵联保护，这些都是最基本的线路保护原理。本章不再介绍基于某一种电气量的保护原理，而是介绍自动重合闸这样一种自动化装置的工作原理。继电保护装置最重要的任务就是切除电力系统故障，并且通过打开断路器来隔离故障元件。保护装置动作于跳闸，那么跳闸之后系统又会进行什么操作？理想情况下希望根据故障是否长期存在来决定下一步的动作。事实上，在工程现场又有什么情况需要在分析之后给出进一步的决策？这就是本章所要解决的问题。

第 39 课　自动重合闸的作用

自动重合闸
的作用

　　电力系统的故障有瞬时性故障，即开关跳开后，经过一段时间的延时，故障会消失，如雷击以及污染等因素造成的绝缘子表面闪络、大风引起相与相之间的短路，或者鸟类以及树枝的放电，这种故障约占全部故障的 60%～90%。另外一种是永久性故障，即开关跳开后故障依然存在，如倒杆、断线、绝缘子击穿等。

　　举例说明：2008 年 2 月，我国南方大部分地区发生了突如其来的冰雪灾害，很多电力系统及杆塔不堪覆冰的重压出现断线、倒杆等永久性故障，这类故障大概占所有故障的 10%。而自动重合闸应用的前提就是，实际的统计数据表明大部分的线路故障属于瞬时性故障。自动重合闸（actomatic reclosing switch，ARC）是指因为故障或者人为误碰而跳开的断路器将其重新自动合闸的一种自动装置。其工作过程有以下几个步骤：①线路发生短路故障，由继电保护设备控制断路器跳闸；②经过一定的延时，自动重合闸控制断路器再合闸；③如果是重合于瞬时性故障，马上就能恢复供电；如果是重合于永久性故障，那么保护会再次跳闸。

　　因而，自动重合闸的作用可以从利、弊两方面进行分析。自动重合闸具有以下优点：①对于单侧线路供电线路，瞬时性故障可以迅速回复供电，提高供电的可靠性；②对于双侧电源的高压输电线路能够提高并列运行的稳定性，提高线路输送的容量；③可以纠正由于断路器机构不良或者继电保护误动引起的误跳闸，或者是人为的误碰等引起的误跳闸。自动重合闸的弊端有：①主要集中在重合于永久性故障，将会导致系统再次受到故障电流的冲击；②对于断路器工作情况更加恶劣，因为它在短时间内连续两次切断故障电流。虽然目前的重合闸还无法区分是瞬时性故障还是永久性故障，但是工程实际的统计表明，线路重合闸的利大于弊，因此自动重合闸有其存在的意义。

自动重合闸应用在什么场合呢？一般情况下电压等级大于 1kV 的架空线路或混合线路，只要装设了断路器就可以配置重合闸。但是还要看具体情况。如图 5-1 所示的架空线和电缆混合线路，在架空线部分瞬时性故障居多，可以重合；在电缆部分永久性故障居多，不宜重合。这就是自动重合闸应用的一些限制。

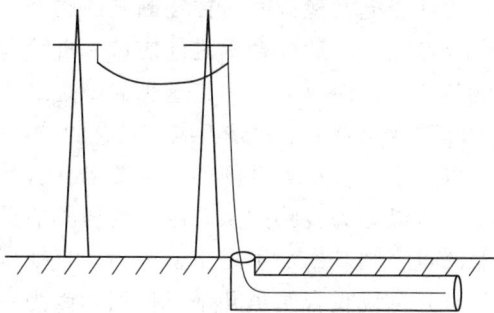

图 5-1　由架空线和电缆组成的混合线路

> 　　这节课解释了自动重合闸的意义：由于瞬时故障出现的概率远大于永久性故障，而瞬时故障后重合闸能够成功恢复线路供电，对提高供电的可靠性具有重要的意义。

第 40 课　自动重合闸的要求与分类

自动重合闸
的要求
与分类

电力系统继电保护有四项基本要求的约束，自动重合闸也有相应的要求。

首先对自动重合闸的要求是必须在故障点切除之后，才允许重合闸，这里的故障点切除是指彻底地切除。通常利用没有电流的特点（包括保护动作导致线路停电）来启动重合闸。同时还要考虑对侧切除故障的时间，也就是对于双侧电源系统，只有两侧保护的保护范围的重叠区才能实现发生故障时两端保护均速动。换言之就是该线路的其余部分发生故障时都是一段速动而另一端延时动作，所以自动重合闸应用于这样一条线路，必须等待两侧全部切除，才能允许重合闸。总之，某一侧变电站的自动重合闸还必须考虑对侧切除的时间。

如前所述，对继电保护的基本要求其中之一是速动性，就是保护动作越快越好，自动重合闸也有类似的要求，希望动作迅速，一般在 0.5～1.5s 之间重合。重合的时间主要考虑以下几个方面，即故障点去游离的时间，还有断路器的传动、消弧以及在此准备的时间，再加上一定的裕度构成的自动重合闸的整定时间。

对自动重合闸来讲还不允许任意次的重合，即动作的次数应符合预先的规定，主要是考虑断路器性能，并且防止永久性故障。

自动重合闸应该能和继电保护相配合，在重合闸之前或者重合闸之后，加速保护动作，主要是考虑到重合闸后如果保护很快动作，那么几乎为永久性故障。

自动重合闸于双侧电源系统中应用的时候，需要考虑电源的同步问题，以防止冲击电流对系统的影响。

另外，自动重合闸动作之后应该能够自动复归，准备好再次动作。

手动跳闸的时候，一般不希望重合。因为手动操作或者是遥控操作往往是应用于检修，比如变电站检修时，往往断开断路器。但是为了保障设备和人身的安全应该先接上地线，检修完毕以后，合闸之前应该先拆除地线再去合闸。如果这时候忘记拆除地线而去合闸就属于永久性故障，而且这种故障是最严重的三相接地故障。

断路器如果不正常是不应该重合的，这里主要考虑的是没有办法再次断开永久性故障。

以上是对自动重合闸的基本要求。自动重合闸的分类，如果按照接通和断开的电力元件分，可以分为线路的重合闸、变压器的重合闸以及母线的重合闸。但是需要指出的是变压器的重合闸基本上不采用，因为一旦变压器发生故障一般都是永久性故障。值得注意的另一点是母线重合闸也几乎不使用，因为一般情况下母线保护动作时还要闭锁线路的重合闸。从另外一个角度就是按重合闸控制的断路器的个数（或者称为相数）的不同分，自动重合闸可分成三相重合闸、单相重合闸以及综合重合闸。综合重合闸很少采用，并且国家的规定中已经不再考虑综合重合闸。

> 这节课介绍了对自动重合闸的多项要求和自动重合闸的分类，后续将主要研究输电线路的三相一次重合闸。

第41课 三相一次重合闸

三相一次重合闸

根据电网电气接线方式不同，三相一次重合闸分为两种：①单侧电源线路的三相一次自动重合闸；②双侧电源供电系统的三相一次自动重合闸。

单侧电源线路的三相一次自动重合闸工作过程如下：线路上发生了故障以后，由于保护动作，跳开三相断路器，经过一定的延时，重合闸起动，闭合三相。如果是重合于瞬时性故障，那么重合就是成功的；反之，如果是永久性故障，那么将再次跳开三相，且不再重合。动作逻辑如图5-2所示，其中重合闸启动，重合闸延时后一次合闸脉冲，这里要控制重合的次数，也就是规定的是一次重合闸（最多只合一次）。手动跳闸的时候，是一个闭锁的环节。手动合闸以及前两个条件满足之后，发出信号，发合闸命令。如果手动合闸了，这两个条件之间是逻辑"或"的关系，启动后加速保护，也就是重合闸之后加速继电保护动作。因为三相一次重合闸没有故障选相的环节，所以三相一次重合闸是原理和操作均相对简单的重合闸。

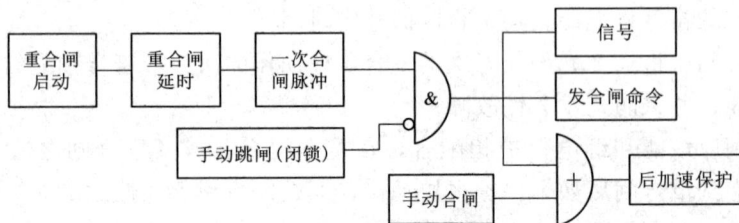

图5-2 三相一次重合闸动作逻辑

应用于双侧电源线路的三相一次自动重合闸具有这样的特点：当两侧断路器全部跳开以后，才能进行重合。接下来需要进行一个判断——重合的时候，两侧系统是否同步。为什么要进行这个判断？因为如果不同步，会出线冲击电流，冲击电流太大，就可能不允许重合，也就是说，要经过计算判断是否允许需要同步自动重合闸。双侧电源线路的三相一次自动重合闸的快速重合闸和非同期重合闸，都将验证冲击电流若小于允许值的话，可以允许直接合闸，但是最后一个常见的检同期重合闸必须要进行同步的检定和无电压的检定。特殊情况下，双回线时，如果某一回线有电流，就证明两侧系统不会失去同步，因此没有必要检定同步。三相跳闸之后，如果采用检同期重合闸方式，有两个步骤：第一步，一侧先检查无电压，也就是检查输电线路上的停电状态，经过延时确认以后，首先重合这一侧，重合以后线路上带电，另外一侧，需要检一个同期，即检同步（这里同步和同期是相同的意思），检查同期合格以后，另外一侧后合。那么可以分为检无压一侧先合，通过逻辑关系（图5-3）可以发现，检无压装置可以证明线路上不带电。第二步，线路上电压和母线上的电压做比较，若小于整定值，说明没有差别，满足同步条件，可以允许合闸，这两个条件之间是"或"的关系，同时检同期一侧是不投入检无压装置的。那么两侧需要定期交换。

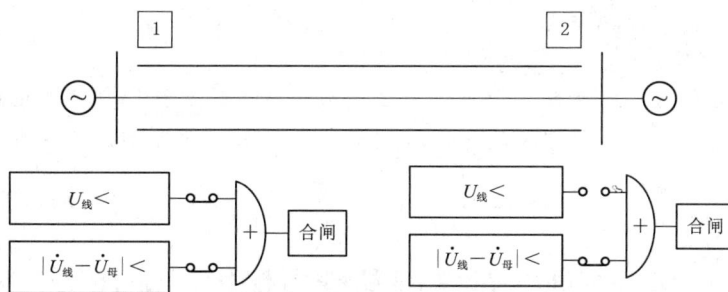

图5-3　双侧电源线路检同期与检无压的重合闸逻辑示意

　　三相一次重合闸应用双侧电源线路的话，工作过程如下：第一步，如果有故障，进行跳闸；第二步，检无压侧检测到没有电压，先合；第三步，检同期侧，线路上充电以后检查同期，符合条件，这一侧后合。检无压一侧和检同期一侧并不是固定在线路某一侧就是检无压，另一侧就是检同期，在工程实际中，两侧机会是均等的，两侧断路器和保护都具有同等的地位，因此通常两侧定期交换检无压和检同期的逻辑。

　　进一步地，为了防止由于机构不良造成的断路器的偷跳或者误碰等情况，检无压侧同时应具备检同期的功能。一般情况下，检无压侧和检同期侧应该是定期轮换，以防止检无压侧的工况恶化，更多地合于永久性故障的时候，跳闸次数会增加。至于理想的同期条件，简而言之是指线路上的电压和母线上的电压或者两侧系统的电压之间的压差、频差、相角差都应该等于0，实际上反映的是希望两端为同相量、等电位。

　　检同期侧能不能投入检无压呢？答案是否定的。因为这样就会失去了检同期的作用。

　　重合闸整定时间的整定原则简单说来就是越快越好，但是要具体考虑以下因素。首先对于单侧电源线路重合闸，只需要考虑以下三个条件：①故障点电弧熄灭以及周围介质绝缘强度的恢复时间，也就是故障去游离的时间 t_u；②断路器本身以及操作机构为下一次动作做准备需要重新恢复绝缘以及灭弧室重新充油的时间；③由保护启动到重合闸，加上保护动作的时间，因为从故障发生到线路的断开，中间还是有一定的时间。

以上讲的是简单的单侧电源线路的重合闸，而双侧电源线路重合闸的整定则要复杂一些。根据前述分析可知，线路两侧如果在不能保证全线速动的情况下，可能是一个先跳开断路器，另外一个后跳。按照最不利的情况考虑，本侧保护先跳闸，对侧保护延时跳闸。如图 5-3 所示，以保护 1 为例，保护 1 先跳，保护 2 延时动作，那么保护 2 延时动作，它的动作时间是如图 5-4 所示的上面的这一段，再加上断路器的动作时间，还有去游离的时间，以及考虑一定的裕度，这是整个要考虑的全部因素。保护 1 动作时间有

图 5-4 两侧电源线路自动重合闸
动作时间示意图

断路器跳闸的时间也要考虑，后面二者之差（也就是上述的保护 2 从故障发生到考虑一定的裕度整个时间），减去保护 1 的动作时间，加上保护 1 对应的断路器 1 的跳闸的时间，剩下的就是保护 1 的自动重合闸时间，用公式（5-1）表示为

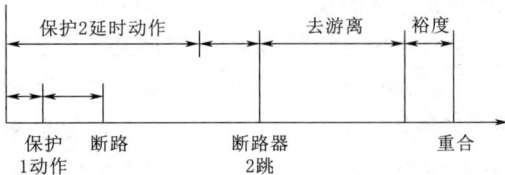

$$t_{ARC} = (t_{p.2} + t_{QF.2} + t_u + t_{裕度}) - (t_{p.1} + t_{QF.1}) \tag{5-1}$$

检同期的自动重合闸装置的工作原理：通过检无压和检同期装置的配合，考虑线路两侧机会均等需要定期轮换等工程实际情况。本节课还阐述了三相一次自动重合闸动作时间的整定原则。

第 42 课 重合闸与继电保护的配合、单相重合闸、综合重合闸

由前述可知，自动重合闸和继电保护的动作行为有密切的时序关系。这节课介绍自动重合闸和继电保护的配合关系。

一、重合闸与继电保护的配合

继电保护和自动重合闸的配合有两种基本情况，即重合闸之前加速保护、重合闸之后加速保护，分别简称"前加速""后加速"。

重合闸与
继电保护的
配合、单相
重合闸、综
合重合闸

（一）重合闸前加速保护

如图 5-5 所示，为了使没有选择性的动作行为不至于过多，图中保护 3 的启动电流应该躲过相邻变压器低压侧的短路电流（K 点的短路电流）。重合闸的前加速保护的优点如下：①能够快速切除瞬时性故障；②能使瞬时性故障来不及发展成永久性故障从而提高重合闸的成功率；③争取发电厂和重要变电所母线电压在额定电压的 60%～70% 及以上，从而保证厂用电、重要用户的电能质量；④重合闸前加速保护使用的设备少，只需装设一套重合闸设备就可以了，比较简单、经济。

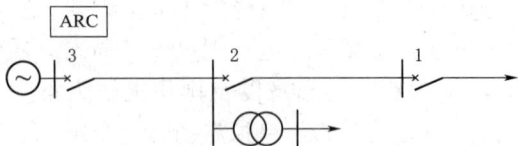

图 5-5 重合闸前加速保护示意图

自动重合闸前加速保护应该装设在最

上游的线路处。其缺点如下：①装设重合闸前加速的保护装置会使得对应的断路器动作次数过多，工作条件会恶化；②永久性故障切除的时间可能会比较长，因为它之前要首先加速保护动作一次；③如果是自动重合闸或者是断路器 3 拒动，那么停电的范围将扩大，因为这套装置是装设在最上游的，最上游如果断电，停电的范围将会扩大到它下游。

因此，自动重合闸前加速保护装置目前主要应用于 35kV 以下的发电厂、变电所引出的直配线上。

（二）重合闸后加速保护

重合闸和保护的配合称为重合闸后加速保护。如图 5 - 6 所示，其原理如下：每条线路都装设有这样一套重合闸后加速保护装置。第一次故障的时候，保护是按照有选择性的方式动作跳闸。但如果重合于永久性故障，重合后则加速保护动作，切除故障。后加速将保护的延时缩短（甚至为 0）。重合闸后加速保护的优点如下：①第一次有选择的切除故障，不会扩大停电范围；②保证永久性故障能瞬时切除，既有选择性，又提高了速动性；③和前加速保护相比，使用的时候不受网络结构的限制和符合条件的限制，更加有利、实用。缺点是：①因为每个断路器上都要装设一套重合闸，和前加速相比更加的复杂；②第一次切除故障因为具有选择性，可能会带有延时。权衡利弊，这种后加速往往应用于 35kV 以上的电网或者是重要负荷的送电线上。

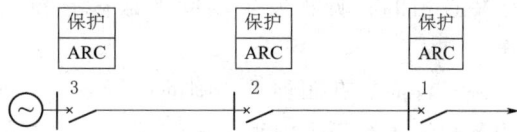

图 5 - 6　重合闸后加速保护示意

二、阐述单相重合闸

例如在 220～500kV 线路，线间距离较大，绝大多数故障为单相接地故障。如果只跳开故障相，可以提高供电可靠性和线路并联运行的稳定性。这种方式也允许非故障相持续运行。单相自动重合闸和三相自动重合闸最大的区别就是需要进行选相，也就是选择故障相，判断故障元件。如果重合成功，恢复运行。如果单相自动重合闸又重合永久性故障，需注意，不再是跳单相，而是三相一起跳开。这是单项自动重合闸的一个很重要的特点。还要注意，单相重合闸中，由于单相跳开（称为非全相运行），出现了负序和零序分量，本线路的零序保护可能会误动。因此，应在非全相运行期间，将这些可能会误动的（比如零序保护）闭锁，让它不动作，或者是采取其他措施：①闭锁零序保护；②调整整定值；③调整动作的时限。目的就是为了躲开非全相运行的影响，当然也要考虑其他线路非全相运行对单相重合闸造成的影响。

单相自动重合闸工作时有一个很重要的环节，就是故障选相。对故障选相元件的要求如下：①要具有选择性，也就是只跳故障相；②末端短路时，需要有足够的灵敏度。

但是就工程应用来讲，还需要进一步的研究和完善。选相元件与保护的配合逻辑示意如图 5 - 7 所示。在单相接地短路时，仅包含故障相的电流突变量有点大，这个时候可

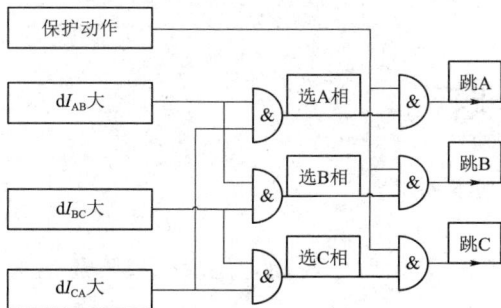

图 5 - 7　选相元件与保护的配合逻辑

以动作。系统发生其他故障时，三个选相元件都动作。关于单相重合闸动作时限的选择如下：①和三相重合闸一样，要考虑故障点熄弧、周围介质去游离以及断路器恢复的时间；②考虑两侧选相元件与保护以不同时限切除故障的可能性；③考虑潜供电流对灭弧的影响，因为潜供电流的存在会影响灭弧时间。

单相重合闸的优点如下：①可以连续供电，提高供电的可靠性；②继而提高并列运行的稳定性。缺点如下：①需要按相操作的断路器；②选相元件接线比较复杂；③非全相运行时，有些保护（零序保护）可能会误动，需要采取闭锁措施，这样就会使得整个的整定和调试工作较为复杂。

三、综合重合闸

单相重合闸发生单相短路，保护仅跳故障相，再合单相。如果发生相间短路，就要跳开三相，不再重合。三项重合闸则无须判断故障相，任何故障下保护都将跳开三相，然后再三相同时重合。那么将单相重合闸和单相重合闸的功能综合在一起，就构成了综合重合闸。综合重合闸的动作逻辑是这样的：发生单相的故障，保护仅跳故障相，这个时候就要有故障选相的元件；发生相间的故障是跳三相。不管哪种情况，跳过之后需要再重合一次。

截至目前，有四种重合闸的运行方式，即单相重合闸、三相重合闸、综合重合闸以及停用重合闸。鉴于国内很少采用综合重合闸的方式，因此，国家电力调度控制中心在《线路保护及辅助装置标准化设计规范》（Q/GDW 161—2013）中，已经不再考虑综合重合闸的设计。

图 5-8 示意了实际线路中的典型配置，其中，装置 1 的典型配置包括光差保护、距离保护、零序保护以及自动重合闸，装置 2 的典型配置包括高频保护、距离保护、零序保护以及自动重合闸。对于 220kV 以上的线路，需要双重化，就是需要两套以上的保护装置，并且回路是独立的。对于 110kV 以上的线路，则希望配置至少一套的保护和自动重合闸装置。对于 110kV 以下的线路，一般配置电流保护或者是距离保护，甚至是更加方便的保护。

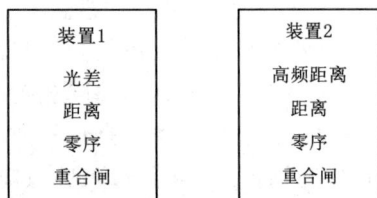

图 5-8　实际线路中的典型配置

本节课学习了自动重合闸与继电保护的配合即"前加速""后加速"与三相重合闸、单相重合闸、综合重合闸，以及它们之间的区别与联系。

习　　题

1. 重合闸的作用是什么？对重合闸有什么基本要求？

2. 何谓瞬时性故障、永久性故障？是否故障一开始就已经确定是瞬时故障还是永久性故障？为什么？

3. 重合闸的利弊是什么？应用重合闸的前提是什么？

4. 在单电源线路的三相一次重合闸逻辑中，如何实现只允许一次重合闸？

5. 常用的重合闸启动方式有哪些？在哪些情况下需要闭锁重合闸？

6. 在双电源线路上，主要有哪些重合闸的方式？

7. 对于具有检无压和检同步的重合闸，简述其逻辑动作过程。为什么检无压侧也需要投入检同步的功能？检无压和检同步分别检测何处的电气量？

8. 对于检同步侧，为什么不允许投入检无压功能？

9. 在两侧断路器上，为什么要轮换使用不同检定方式的重合闸？

10. 使用单相重合闸有何优缺点？

11. 在单相重合闸中，是否需要考虑同期的问题？

讨　论

双端供电系统中设计检无压和检同期的自动重合闸装置，是典型的复杂工程问题。请梳理解决这一实际工程问题的思路和方法。

第六章

典 型 元 件 保 护

电力变压器是电力系统中十分重要的供电设备，它的故障将对供电可靠性和系统的正常运行带来严重的影响。大容量的电力变压器也是十分贵重的设备，因此，必须根据变压器的容量和重要程度装设性能完善、工作可靠的继电保护装置。

变压器的不正常运行状态主要有：变压器外部相间短路和外部接地短路引起的过电流以及中性点过电压；负荷超过额定容量引起的过负荷；漏油引起的油面降低或冷却系统故障引起的温度升高；大容量变压器由于其额定工作时的磁通密度相当接近于铁心的饱和磁通密度，因此在过电压或低频率等异常运行方式下会发生变压器的过励磁故障，引起铁心和其他金属构件过热。

根据上述故障类型和不正常运行状态，对变压器应装设下列保护：

（1）对于变压器油箱内的各种故障以及油面的降低，应装设反应于油箱内部产生的气体或油流而动作的气体（瓦斯）保护。

（2）对变压器绕组、套管及引出线的各种短路故障，应装设纵差动保护。如果变压器的容量低于 10000kVA，可以只装设电流速断保护。

（3）对于外部相间短路引起的变压器过电流，根据变压器容量和系统短路电流水平的不同，应有选择地装设过电流保护、低电压启动的过电流保护、复合电压启动的过电流保护、负序过电流保护、阻抗保护等作为后备保护。

（4）在中性点直接接地系统中，一般采用部分变压器中性点接地运行。由于外部接地短路引起变压器过电流时，对于中性点接地运行的变压器，应装设零序电流保护。如果是自耦变压器或高、中压侧中性点都直接接地的三绕组变压器，当有选择性要求时，应增设零序方向元件。对于中性点不接地运行的变压器，为防止系统发生接地故障时中性点接地的变压器跳开之后，仍带接地故障继续运行，从而使中性点过电压，应根据具体情况装设相应的保护装置，如零序过电压保护、中性点设放电间隙加零序电流保护等。

（5）对 400kVA 以上的变压器，当数台并列运行，或单独运行并作为其他负荷的备用电源时，应根据可能过负荷的情况，装设过负荷保护。

（6）高压侧电压为 500kV 及以上的变压器，由于频率降低和电压升高而引起的变压器励磁电流升高，应装设过励磁保护。

（7）对于自耦变压器，或者在变压器高、中压侧发生单相接地故障时纵差动保护灵敏度不够，应装设零序差动保护。

（8）其他保护。对变压器温度升高、油箱内压力升高以及冷却系统故障，装设非电量保护。

第 43 课　变压器的纵差动保护

纵差动保护是变压器故障的主要保护形式。纵差动保护可以无延时地切除变压器内部绕组和引出线的相间和接地故障，甚至匝间短路，具有独特的优点。

一、变压器纵差动保护的基本原理

纵差动保护反应的是被保护变压器各端流入和流出电流的相量差。变压器纵差动保护的原理接线图如图 6-1 所示，其中规定各侧电流的正方向均以流入变压器为正。

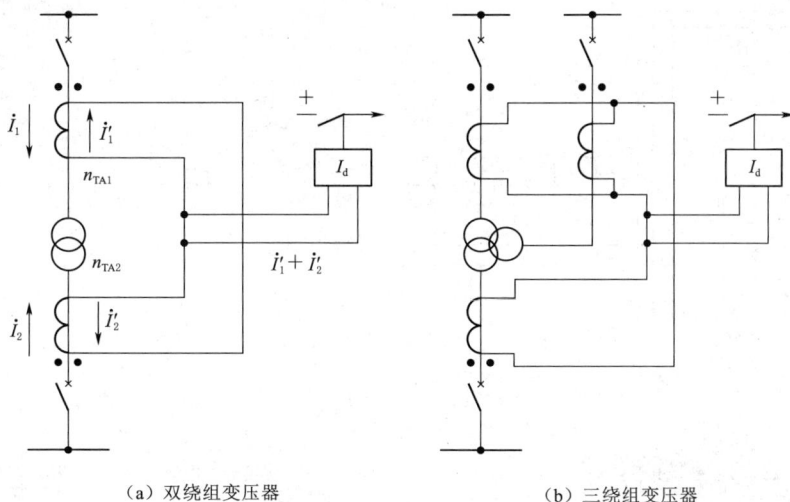

（a）双绕组变压器　　　　　　　（b）三绕组变压器

图 6-1　变压器纵差动保护的原理接线图

由于变压器高压侧和低压侧的额定电流不同，为了保证纵差动保护正确工作，传统的纵差动保护必须适当选择两侧电流互感器的电流比，使得正常运行和外部故障时，两侧二次电流大小相等、方向相反，流入保护的差动电流为 0。如图 6-1（a）所示，应符合以下条件：

$$I_1' = I_2' = \frac{I_1}{n_{TA1}} = \frac{I_2}{n_{TA2}}$$

或
$$\frac{n_{TA2}}{n_{TA1}} = \frac{I_2}{I_1} = n_T \tag{6-1}$$

式中：n_{TA1} 为高压侧电流互感器的电流比；n_{TA2} 为低压侧电流互感器的电流比；n_T 为变压器的电压比（即高、低压侧额定电压之比）。

由此可知，要实现变压器的纵差动保护，需要适当选择两侧电流互感器的电流比，使两个电流比的比值尽可能等于变压器的电压比 n_T。

二、变压器纵差动保护的接线方式

电力系统的变压器通常采用 Yd11 的联结方式，如图 6-2（a）所示。其中 $\dot{I}_{AH1}$、

$\dot{I}_{BH1}$ 和 $\dot{I}_{CH1}$ 为变压器星形侧的一次电流，$\dot{I}_{AL1}$、$\dot{I}_{BL1}$ 和 $\dot{I}_{CL1}$ 为三角形侧的一次电流，在对称运行状态下，后者超前30°，如图6-2（b）所示。

在实现变压器纵差动保护时，如果两侧的电流互感器均采用星形联结，则会有差电流流入保护回路。传统的变压器纵差动保护为了消除这种差电流的影响，通常都是将变压器星形侧的三个电流互感器联结成三角形，而将变压器三角形侧的三个电流互感器联结成星形，采用这种接线方式即可把二次电流的关系校正过来。即变压器星形侧的二次输出电流为 $\dot{I}_{AH2}-\dot{I}_{BH2}$、$\dot{I}_{BH2}-\dot{I}_{CH2}$ 和 $\dot{I}_{CH2}-\dot{I}_{AH2}$，刚好与变压器三角形侧的二次电流 $\dot{I}_{AL2}$、$\dot{I}_{BL2}$ 和 $\dot{I}_{CL2}$ 同相位，如图6-2（c）所示。这样差动回路两侧的电流相位相同。

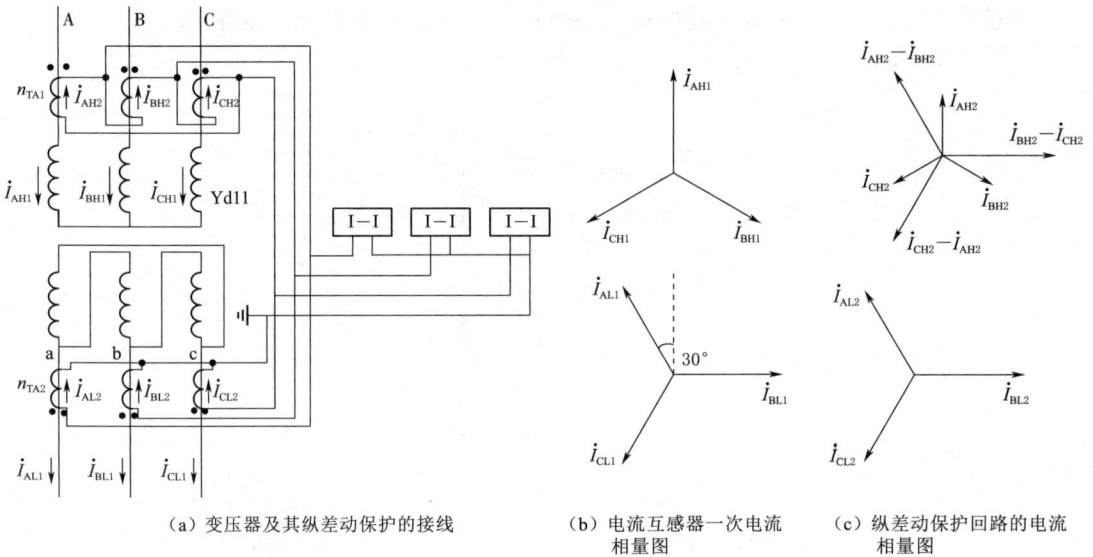

图6-2　Yd11联结变压器的纵差动保护接线和正常运行时的相量图
（图中电流方向对应于正常工作情况）

（a）变压器及其纵差动保护的接线　（b）电流互感器一次电流相量图　（c）纵差动保护回路的电流相量图

当电流互感器采用上述接线方式以后，在互感器接成三角形侧的差动臂中，在三相对称情况下，电流增大3倍。此时为保证在正常运行及外部故障情况下差动回路中没有电流，必须将该侧电流互感器的电流比增大3倍，使之与另一侧的电流相等，故选择电流比的条件如下：

$$\frac{n_{TA2}}{n_{TA1}/\sqrt{3}}=n_T \tag{6-2}$$

在微机变压器纵差动保护中，两侧的电流互感器均接成星形，称为二次全星形联结，如图6-3所示。变压器三角形侧的电流经过接成星形的三个电流互感器输入微机保护装置，装置采集后得到三角形侧的三个线电流；而变压器星形侧的电流经过接成星形的三个电流互感器输入微机保护装置后，由软件对星形侧的电流进行校正，装置把采集到的三个相电流两两相减，再同三角形侧的线电流相平衡，如图6-3（b）、（c）所示。这种方式使得二次接线简单，便于判断故障相和TA断线。

对于Yd11联结的变压器，保护用于同三角形侧相平衡的电流实际上是星形侧电流互

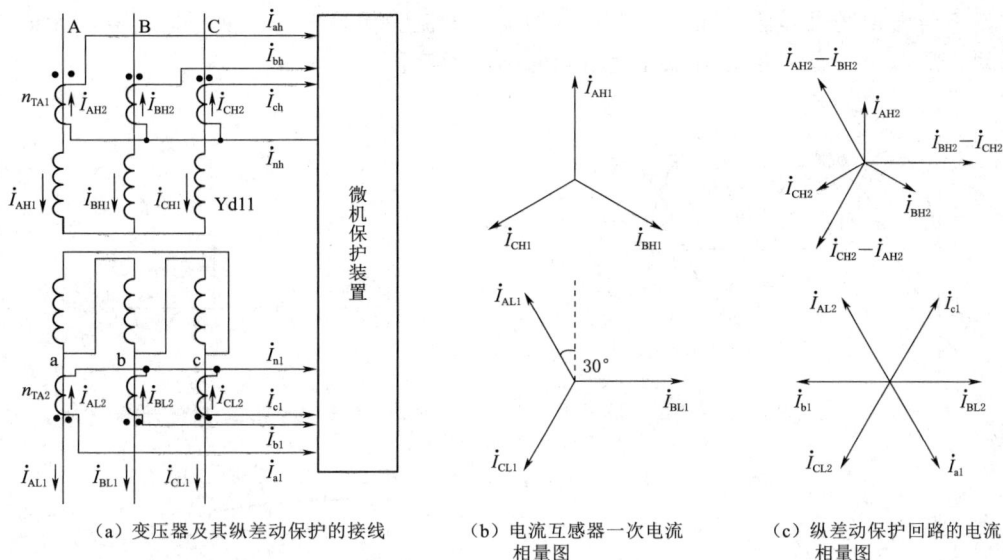

（a）变压器及其纵差动保护的接线　　　（b）电流互感器一次电流相量图　　　（c）纵差动保护回路的电流相量图

图 6-3　二次全星形联结的纵差动保护接线及其对称运行时的相量图

感器的两相电流之差，用软件实现补偿的变压器 Y 形侧计算电流为

$$\dot I_{\text{a.C}}=\dot I_{\text{ah}}-\dot I_{\text{bh}},\quad \dot I_{\text{b.C}}=\dot I_{\text{bh}}-\dot I_{\text{ch}},\quad \dot I_{\text{c.C}}=\dot I_{\text{ch}}-\dot I_{\text{ah}} \tag{6-3}$$

对于 Yd11 联结的变压器，用软件实现补偿的变压器 Y 形侧计算电流为

$$\dot I_{\text{a.C}}=\dot I_{\text{ah}}-\dot I_{\text{ch}},\quad \dot I_{\text{b.C}}=\dot I_{\text{bh}}-\dot I_{\text{ah}},\quad \dot I_{\text{c.C}}=\dot I_{\text{ch}}-\dot I_{\text{bh}} \tag{6-4}$$

三、不平衡电流产生的原因及消除措施

在正常运行及保护范围外部短路故障时流入纵差动保护回路的电流称为不平衡电流 I_{ub}。变压器的纵差动保护需要躲过差动回路中的不平衡电流。现对不平衡电流产生的原因和消除方法分别讨论如下。

1. 变压器励磁电流产生的不平衡电流

变压器的励磁电流 i_E 是在差动范围内未接入差动保护回路的一个特殊支路，因此通过电流互感器反应到差动回路中未参与平衡。在正常运行情况下，此电流很小，一般是额定电流的 2%～10%。在外部故障时，由于电压降低，励磁电流减小，它的影响就更小。

但是，在变压器空载合闸，或者变压器外部故障切除后变压器端电压突然恢复时，则可能会产生很大的暂态励磁电流，这种电流称为励磁涌流。因为在稳态工作情况下，铁芯中的磁通应滞后于外加电压 90°，如图 6-4（a）所示。如果空载合闸时，正好在电压瞬时值 $u=0$ 时投入，则铁芯中应该具有磁通 $-\phi_{\text{m}}$。但是由于铁芯中的磁通不能突变，因此，将出现一个非周期分量的磁通，其幅值为 $+\phi_{\text{m}}$。这样在经过半个周期以后，如果不计非周期分量磁通衰减，铁芯中两个磁通极性相同，铁芯中的磁通就达到 $2\phi_{\text{m}}$。如果铁芯中还有剩余磁通 ϕ_r，则总磁通将为 $2\phi_{\text{m}}+\phi_r$，如图 6-4（b）所示。此时变压器的铁芯严重饱和，励磁电流 i_E 将剧烈增大，此电流就称为变压器的励磁涌流，其数值最大可达额定电流的 6～8 倍，同时还包含有大量的非周期分量和高次谐波分量，如图 6-4（c）、（d）所示。励磁涌流的大小和衰减时间，与外加电压的相位、铁芯中剩磁的大小和方向、电源容量的大小、回路的阻抗以及铁芯性质等都有关系。例如，正好在电压瞬时值为最大时合闸，就不会出现励磁涌流，而只有正常时的励磁电流。但是对三相变压器而言，无论在任何瞬间合闸，至少有两相要出现程度不同的励磁涌流。

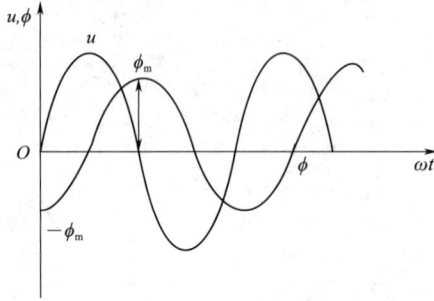

（a）稳态情况下，磁通与电压的关系

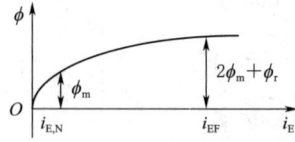

（c）在$u=0$瞬间空载合闸时，磁通与电压的关系

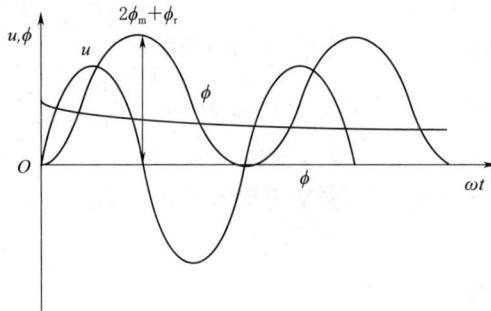

（b）变压器铁芯的磁化曲线

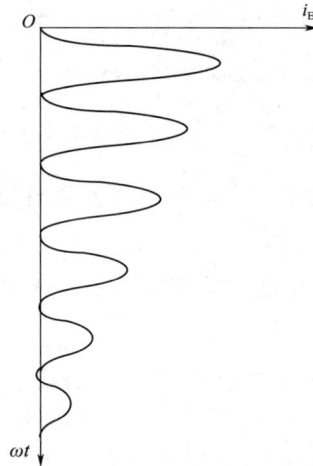

（d）励磁涌流的波形

图 6-4 变压器励磁涌流的产生及变化曲线

通过对励磁涌流的实验数据进行分析，励磁涌流具有以下特点：①包含有很大成分的非周期分量，使涌流偏于时间轴的一侧；②包含有大量的高次谐波，以二次谐波为主；③波形中间出现间断，如图 6-5 所示，在一个周期中间断角为α。

图 6-5 励磁涌流的波形

根据以上特点，在变压器纵差动保护中防止励磁涌流影响的方法如下：

（1）采用具有速饱和铁心的差动继电器。

（2）鉴别短路电流和励磁涌流波形的差别。

（3）利用二次谐波制动等。

（4）利用有较大间断角的特点。

2. 电流互感器实际电流比与计算变比不同产生的不平衡电流

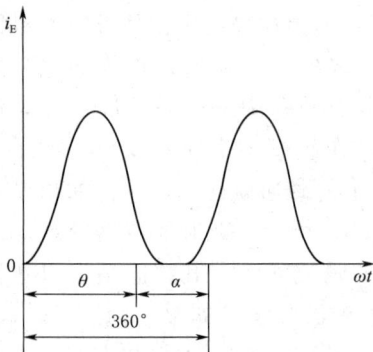

在传统的变压器纵差动保护中，由于变压器两侧的电流互感器都是根据产品目录选取的标准电流比，而变压器的电压比也是按标准选取的，因此，三者的关系很

难满足 $\dfrac{n_{TA2}}{n_{TA1}} = n_T$ （或对 Yd11 联结的 $\dfrac{n_{TA2}}{n_{TA1}/\sqrt{3}} = n_T$）的要求，此时差动回路中将有电流流过。

当采用具有速饱和铁心的差动继电器时，通常都是利用它的平衡线圈来消除此差电流的影响。

在微机变压器纵差动保护中，两侧电流互感器的电流比和变压器的电压比不需要严格满足上述要求。采用二次全星形联结的微机纵差动保护对两侧（或三侧）电流互感器的电流比没有特别要求，可以采用具有标准化电流比的电流互感器，它将电流互感器二次侧电流差改为数字差（由软件实现），即由此带来的二次侧不平衡电流用数值计算进行补偿。这种补偿方法较之传统纵差动保护采用的补偿方法更准确，不平衡电流更小。

当然，微机保护装置在采样和数据处理时会带来一定的误差。对于采样带来的误差，可通过提高采样的精度来改善，如采用位数更高的 A/D 转换器件。对于数据处理（如数据截断）所带来的误差，可通过加宽数据窗长度的方法来提高精度。但数据窗越长，所需的处理时间也会越长，从而对保护的快速性产生影响。此外，研究新的保护算法也可改善误差。一般而言，采样和数据处理所产生的不平衡电流很小。

3. 变压器带负荷调整分接头产生的不平衡电流

电力系统中经常采用带负荷调压的变压器，利用改变变压器分接头的位置来保持系统的运行电压。改变分接头的位置，实际上是改变变压器的电压比 n_T。如果纵差动保护已经按某一电压比设置好参数，则当分接头改变时，保护中各侧的计算电流的平衡关系就被破坏，产生一个新的不平衡电流，但差动保护的整定值不可能根据分接头的位置变化随时进行调整。为克服由此产生的不平衡电流，应在纵差动保护的整定中予以考虑。

4. 两侧电流互感器的型号不同产生的不平衡电流

对于装设在变压器两侧的电流互感器，因为变压器两侧的额定电压不同，所以很难选择型号相同的电流互感器。不同型号的电流互感器，它们的饱和特性及归算到同一侧的励磁电流也就不同，因此，在差动保护中将引起不平衡电流。为保证纵差动保护的正确工作，通常是根据电流互感器的 10% 误差曲线来选择电流互感器的型号。

5. 变压器外部短路产生的不平衡电流

在变压器的差动保护范围外部发生故障的暂态过程中，由于变压器两侧电流互感器的铁芯特性及饱和程度不同，互感器饱和后，传变误差增大而引起的不平衡电流，对差动保护产生较大的影响。

保护范围外部短路时，短路电流中含有很大的非周期分量。在短路后 $t=0$ 时，突增的非周期分量电流使电流互感器的铁芯中产生一个突增的磁通，它使二次回路中产生一个突增的非周期分量电流，此电流是去磁的。电流互感器一、二次回路的衰减时间常数不同，一次回路衰减时间常数较短（例如 0.05s），二次回路的电阻小，电感大，衰减时间常数较大，甚至可达 1s。在一次侧非周期分量减少以后，二次侧衰减很慢的非周期分量电流成为励磁电流的一部分，使电流互感器铁芯饱和。铁芯饱和后，励磁阻抗大大降低，周期分量的励磁电流加大，最大值出现在几个周波之后，其值为稳态励磁电流的许多倍，波形如图 6-6 所示。图中，曲线 3 为铁芯饱和以后励磁电流的周期分量；曲线 4 为短路电流中衰减的非周期分量（归算到互感器的二次侧）；曲线 1 为互感器的二次侧感应的非周期分量电流；曲线 2 为总的励磁电流（误差电流），其中包括铁芯饱和后加大了的励磁

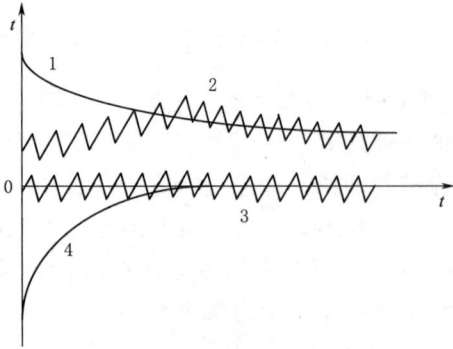

图 6-6 过渡过程中电流互感器励
磁电流的波形图

电流和互感器二次衰减慢的直流分量。总误差
电流偏到时间轴的一侧。

外部短路暂态过程中变压器两侧电流互感
器励磁电流大大增加，由于两侧电流互感器铁
芯饱和程度不同，两侧总励磁电流的差即暂态
过程中不平衡电流加大。从分析及实验记录的
不平衡电流波形可知，外部短路暂态不平衡电
流比稳态不平衡电流大，并含有较大直流分量。

为了减小保护范围外部短路暂态过程中不
平衡电流的影响，在电磁式继电保护中曾采用
在差动回路中接入具有快速饱和特性的中间变
流器。快速饱和变流器是一个铁芯截面积较小，易于饱和的中间变流器。从上面分析可
知，暂态不平衡电流中有较大的直流分量。直流分量使速饱和变流器饱和。这时，交流分
量电流难于传送到速饱和变流器的二次侧，差动继电器不会动作。但加入速饱和继电器以
后，在内部故障时，由于在暂态过程中短路电流也包含着非周期分量电流，速饱和变流器
会饱和，因此，继电器不能立即动作，须待非周期分量衰减后，差动保护才能动作将故障
切除。被保护的设备容量越大，其一次回路的时间常数越大，因而保护动作的时间就越
长，这对尽快切除设备内部的故障是十分不利的。

在微机纵差动保护中，为了克服在内部故障时上述保护延时动作的弊端，微机保护不
装设具有快速饱和特性的中间变流器，从而提高了内部故障时保护动作的速度，同时，对
外部故障时引起的不平衡电流的影响进行有效的克服。其主要的措施如下：

(1) 用数字滤波的方法对非周期分量带来的影响进行有效的滤除。对各侧电流互感器
传送来的电流进行采样后，采用数字滤波的方法滤除非周期分量和其他不需要的谐波分
量。然后计算出变压器的差动电流。这样外部故障时，不平衡电流将会得到了较大的减
少；内部故障时，对差动电流没有影响，从而能够快速可靠地切除故障。

(2) 采用具有制动特性的比率差动保护原理。利用故障时的短路电流来实现制动，使
差动保护的动作电流随制动电流的增加而增加。当外部故障时，虽然会产生不平衡电流，
但外部故障的短路电流越大，则制动电流就越大，差动保护动作所需的差动电流也就越
大，从而保证差动保护不会误动作。内部故障时，虽然制动电流也增大，但内部故障将产
生很大的差动电流，足够使差动保护动作。

总的看来，上述第2项不平衡电流可以通过选择电流互感器的接线和电流比，以及平衡
线圈，或者适当的软件处理，使其降到最小。但第1项、第3项、第4项、第5项不平衡电
流，实际上是不可能完全消除的。因此，变压器的纵差动保护必须躲过这些不平衡电流的影
响。相对于第1项和第5项的不平衡电流，第3项、第4项的不平衡电流要小得多，只需在
整定时予以考虑就可消除它们的影响。对于第1项、第5项的不平衡电流，必须有专门的识
别励磁涌流的方法和消除外部故障引起的不平衡电流的方法，从而消除它们的影响。

根据以上分析，变压器纵差动保护所采用的最大不平衡电流 $I_{\text{ub.max}}$ 可由下式确定：

$$I_{\text{ub.max}} = (10\% K_{\text{st}} K_{\text{aper}} + \Delta U + \Delta m) I_{\text{k.max}} / n_{\text{TA}} \tag{6-5}$$

式中：10% 为根据 10% 误差曲线选择的电流互感器所容许的最大相对误差；K_{st} 为电流互感器的同型系数，由于变压器两侧电流互感器型号不同，会产生较大的不平衡电流，所以取为 1；K_{aper} 为电流互感器的非周期分量系数，只考虑稳态不平衡电流时取为 1.0，考虑暂态不平衡电流时取 1.5～2.0，当采用速饱和变流器时，由于非周期分量能引起饱和，抑制不平衡输出，可取 1.0；ΔU 为有载调压变压器调压所引起的相对误差，如果电流互感器二次电流在变压器额定抽头时处于平衡，则 ΔU 取电压调整范围的一半；Δm 为由于电流互感器的电流比在采取补偿方法以后仍未完全匹配而产生的误差以及微机保护装置本身所固有的误差，一般取 0.05；$I_{k.max}/n_{TA}$ 为变压器区外故障时的最大短路电流归算到二次侧的数值。

此外，运行中差动保护的电流互感器可能发生二次回路断线，当电流互感器二次回路断线时，势必将出现较大的不平衡电流，可能会造成差动保护的误动。如果采用提高差动保护的动作电流来弥补上述缺陷，则牺牲了差动保护的灵敏度。而提高差动保护的灵敏度是非常重要的，况且电流互感器二次回路断线的概率毕竟还是小的。对于灵敏度要求高的大容量、重要变压器的差动保护，为了解决这个问题，理想中应装设电流回路断线闭锁装置。此装置应满足当发生电流互感器二次回路断线时，应先于差动保护动作，将保护闭锁；而在差动保护范围内发生故障，闭锁功能退出。目前，对于大容量、重要变压器，可以采用分别装设独立的接于不同电流互感器的两组差动保护，两组差动保护的触点串联以实现互为闭锁的方式，这种接线方式可以有效地防止由于电流互感器二次回路断线而造成的差动保护误动作。为了能及时地发现电流互感器二次回路断线，可在差动回路装设断线监视装置，一旦发现断线能及时进行处理。

四、比率制动的纵差动保护和差动速断保护

变压器纵差动保护应满足以下要求：①当变压器内部发生短路性质的故障时应快速动作于跳闸，故障变压器空载投入时，可能伴随较大的励磁涌流，也应尽快动作；②当出现外部故障伴随很大的穿越电流时，应可靠不动作；③正常时无论变压器发生何种形式的励磁涌流和过励磁应可靠不动作。

比率制动特性的纵差动保护，既能在外部短路时具有可靠的制动作用，又能保证在变压器内部短路时具有较高的灵敏度，它能很好地满足上述要求①和②，因此，变压器纵差动保护普遍采用比率制动特性。至于要求③，将在后文详细介绍。

1. 具有比率特性的纵差动保护

为了在变压器区外故障时差动保护有可靠的制动作用，同时在内部故障时有较高的灵敏度，一般采用比率制动特性（也称为穿越电流制动特性）。由不平衡电流的讨论可知，流入差动回路的不平衡电流与变压器外部故障时的穿越电流有关。穿越电流越大，不平衡电流也越大。利用这个特点，在差动回路引入一个能够反应变压器穿越电流大小的制动电流，使得差动保护的动作电流根据制动电流的大小自动调整。

（1）直线比率制动特性。对于双绕组变压器，可以根据式（6-5）绘出不平衡电流 I_{ub} 与外部短路电流 I_k 变换到电流互感器二次侧之值 $I'_k(=\dfrac{I_k}{n_{TA}})$ 的关系，即 $I_{ub}=f(I'_k)$，在图 6-7 中以直线 1 表示（实际上由于电流互感器饱和特性的影响，不是单纯的线性关系）。设外部最大短路电流 $I_{k.max}$ 变换到二次侧的值为 $I'_{k.max}$，则可对应求出最大不平衡电流 $I_{ub.max}$。

如果差动保护不采用制动特性，则保护动作电流 I_d 应该按照躲开外部短路时的最大不平衡电流整定，即 $I_d = K_{rel}I_{ub.max}$（K_{rel} 为可靠系数，取 1.3），如图 6-7 中的水平直线 2 所示。

当差动保护采用制动特性时，制动电流 I_{res} 选择为外部故障时的穿越电流，即 $I_{res} = I'_k$。显然，保护的动作电流曲线应该通过 a 点并始终位于直线 1 之上，如图 6-7 中的直线 3 所示。由此可见，保护的动作电流是随着制动电流（外部短路时的穿越电流）的不同而改变的，故称为穿越电流制动。由于这种制动作用与穿越电流的大小成正比，并且使保护动作电流随着制动电流的增大而自动增加，故又称为比率制动。由于直线 3 始终在直线 1 的上面，因此在任何大小的外部短路电流作用下，实际动作电流均大于相应的不平衡电流，保护不会误动作。

直线比率制动特性的动作方程为

$$I_d > K_{res}I_{res} + I_{d.min} \tag{6-6}$$

式中：I_d 为差动电流；I_{res} 为制动电流；$I_{d.min}$ 为启动电流，也称最小动作电流；K_{res} 为比率制动特性的斜率，即制动系数，有 $K_{res} = \tan\alpha$。

（2）两折线比率制动特性。在数字式纵差动保护中，常常采用一段与横坐标轴平行的直线和一段斜线构成两折线特性，如图 6-8 所示。折线的斜线部分穿过 a 点，与水平线相交于 g 点，整个折线仍然位于 $I_{ub} = f(I'_k)$ 对应的直线 1 上方，所以外部故障时保护不会误动，但内部故障时灵敏度有所下降。设置最小动作电流 $I_{d.min}$ 是必要的，因为存在一些与制动电流无关的不平衡电流，如变压器的励磁电流、测量回路的杂散噪声等，动作电流过低容易造成保护误动。两折线特性的动作方程为

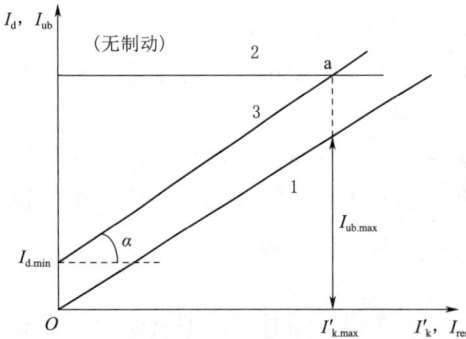

图 6-7　具有制动特性的差动保护的整定图解　　图 6-8　两折线比率制动特性曲线图

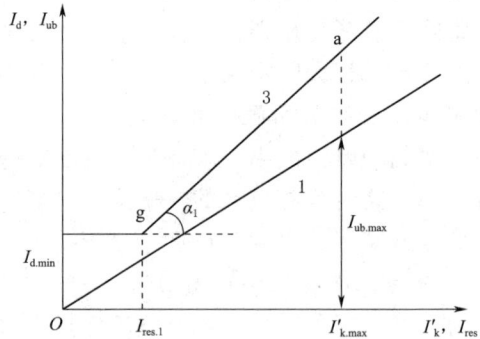

$$\begin{cases} I_d > I_{d.min}, & I_{res} < I_{res.1} \\ I_d > K(I_{res} - I_{res.1}) + I_{d.min}, & I_{res} \geq I_{res.1} \end{cases} \tag{6-7}$$

式中：$I_{d.min}$ 为最小动作电流；$I_{res.1}$ 为拐点电流；K 为斜线段的斜率，即图 6-8 中斜线 ag 的斜率，有 $K = \tan\alpha_1$。

下面以图 6-1（a）所示的双绕组变压器为例，制动电流取 $I_{res} = I'_1$，简单分析采用两折线比率制动特性的差动保护在变压器内部故障时动作的灵敏性。

变压器内部故障时，差动电流 I_d 与制动电流 I_{res} 的关系与运行方式有关。当双侧电源供电时，若两侧电源的电动势和等效阻抗都相同，则 $I_d = I_1' + I_2' = 2I_{res}$，其关系如图 6-9 的直线 4 所示，与制动特性相交于 b 点，差动回路电流只要大于最小动作电流 $I_{d.min}$ 就能够动作。单侧电源供电时，若 I_1 对应的是负荷侧，则 $I_{res} = I_1' = 0$，显然保护的动作电流也是 $I_{d.min}$；若 I_1 对应的是电源侧，则 $I_d = I_{res} = I_1'$，其关系如图 6-9 的直线 5 所示，与制动特性相交于 c 点，这是纵差动保护最不利的情况。因为直线 5 的斜率为 1，所以只要拐点电 $I_{res.1}$ 大于最小动作电流 $I_{d.min}$，仍然可以保证保护的动作电流为 $I_{d.min}$。由此可见，在各种运行方式下的变压器内部故障时，带有制动特性的差动保护动作电流均为最小动作电流 $I_{d.min}$；而不带制动特性的差动保护动作电流固定为 $I_{d.max}$（对应图 6-9 中直线 2）。由于采用制动特性后，变压器内部故障时的动作电流由 $I_{d.max}$ 下降到 $I_{d.min}$ 及制动线，因此差动保护的灵敏度大为提高。

（3）三折线比率制动特性。为了更好地与电流互感器的非线性饱和特性相配合，可以采用三折线比率制动特性。如图 6-10 所示，其动作方程为

$$\begin{cases} I_d > I_{d.min}, & I_{res} \leq I_{res.1} \\ I_d > K_1(I_{res} - I_{res.1}) + I_{d.min}, & I_{res.1} < I_{res} \leq I_{res.2} \\ I_d > K_2(I_{res} - I_{res.2}) + K_1(I_{res.2} - I_{res.1}) + I_{d.min}, & I_{res} > I_{res.2} \end{cases} \quad (6-8)$$

式中：$I_{res.1}$ 为比率制动特性的第一拐点制动电流；$I_{res.2}$ 为比率制动特性的第二拐点制动电流；K_1 为比率制动特性第一斜线段的斜率，$K_1 = \tan\alpha_1$；K_2 为比率制动特性第二斜线段的斜率，$K_2 = \tan\alpha_2$。

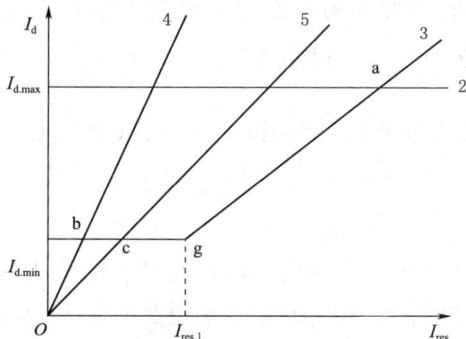

图 6-9　内部故障时，差动回路的动作电流　　图 6-10　三折线比率制动特性曲线图

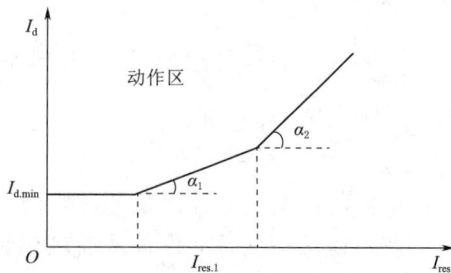

（4）制动电流的选取。制动电流的选取直接影响纵差动保护的选择性和灵敏度。制动量大，可以保证外部故障时可靠不动作，但内部故障时的灵敏度降低。因此，应结合变压器实际工作情况合理选择确定制动电流。制动电流的选取不是唯一的，例如可以选择 $I_{res} = I_2'$ 作为制动电流。在外部故障时，$I_{res} = I_1'$ 和 $I_{res} = I_2'$ 的制动作用一样，而内部故障时两者的灵敏度不一样，显然选取故障电流小的一侧电流作为制动电流时保护的灵敏度较高。传统的模拟式保护都是按照这一原则来选取制动电流。对于数字式保护，制动电流通常由各侧电流综合而成。

若规定双绕组变压器两侧分别记为 Ⅰ 侧和 Ⅱ 侧，三绕组变压器的第三绕组以 Ⅲ 表示，

电流 $\dot{I}_{\mathrm{I}}$、$\dot{I}_{\mathrm{II}}$、$\dot{I}_{\mathrm{III}}$ 分别为 I 侧、II 侧、III 侧的电流，并且这些电流是经过了绕组接线补偿（对于 Y 形侧）而且折算到某一侧（一般是高压侧）之后的计算电流。

对于双绕组变压器，制动电流 I_{res} 选取的方法有很多种，下面是较常用的几种。

1）模值和电流制动。公式如下：

$$I_{\mathrm{res}} = \frac{|\dot{I}_{\mathrm{I}}| + |\dot{I}_{\mathrm{II}}|}{2} \qquad (6-9)$$

2）和差制动。公式如下：

$$I_{\mathrm{res}} = \frac{|\dot{I}_{\mathrm{I}} - \dot{I}_{\mathrm{II}}|}{2} \qquad (6-10)$$

3）标积制动。公式如下：

$$I_{\mathrm{res}} = \begin{cases} \sqrt{|I_1' I_2' \cos(180° - \theta)|}, & \cos(180° - \theta) \geqslant 0 \\ 0, & \cos(180° - \theta) < 0 \end{cases} \qquad (6-11)$$

式中：θ 为 I_1' 与 I_2' 的相位差。

外部故障时由于两侧电流大小相等、方向相反，所以三种制动电流都等于变压器的穿越电流；内部故障时，制动电流的大小是不一样的，在不考虑负荷电流影响时，后两种方法的制动电流比较小。应该指出的是：在故障电流很大，负荷电流影响可以忽略的情况下，各种方法都有很高的灵敏度；只有在故障电流与负荷电流差不多甚至更小时，由于负荷电流也参与制动，即也起制动作用，分析各种制动电流的相对大小才是有意义的。

三绕组变压器的纵差动保护也可以采用上面三种制动电流的选取方法。由于有三个电流，和差制动和标积制动不能直接采用，故需要根据各侧电流的相对大小来自适应地选取。现以和差制动为例，设变压器三侧电流中 $\dot{I}_{\mathrm{I}}$ 的幅值最大，取制动电流 $I_{\mathrm{res}} = \frac{|\dot{I}_{\mathrm{I}} - (\dot{I}_{\mathrm{II}} + \dot{I}_{\mathrm{III}})|}{2}$。外部故障时 $\dot{I}_{\mathrm{I}}$ 显然是流出变压器的，$\dot{I}_{\mathrm{II}}$ 和 $\dot{I}_{\mathrm{III}}$ 是流入变压器的，故 I_{res} 反映了变压器的穿越电流。

2. 差动电流速断保护

当变压器内部发生非常严重的故障时，虽然差动电流很大，但仍有可能受某些制动量的制约，使差动保护延时动作，从而延误了动作时间，这对变压器来说是非常不利的。例如，当变压器合闸于严重故障时，差动电流很大，但由于励磁涌流判据（如二次谐波电流）的影响，差动保护被制动，直到二次谐波分量衰减后才能动作。因此，为了在变压器保护区内发生严重故障时快速跳开变压器各侧开关，确保变压器的安全，变压器保护配置有差动电流速断保护，当差动电流大于整定值时瞬时动作，以加速保护的跳闸。

五、变压器纵差动保护中励磁涌流的识别方法

如前所述，在变压器空载合闸，或者变压器外部故障切除后变压器端电压突然恢复时，会产生很大励磁涌流，从而在差动保护中引起较大的不平衡电流，若不采取相应的措施对励磁涌流进行识别和制动，差动保护就会误动作。因此，在变压器纵差动保护中，励磁涌流的识别一直是一个十分重要的问题。识别励磁涌流的原理和方法有很多，下面介绍常用的几种。

1. 间断角原理

分析表明,励磁涌流的波形不连续,并且存在明显的间断角,而变压器内部故障时差电流的波形是连续的。所谓间断角,是指涌流波形中在基频周波内保持为 0(或很小)的那一段波形所对应的电角度。间断角是区别励磁涌流和故障电流的一个重要参数。当间断角大于整定值时将差动保护闭锁。

在实际应用中,电流互感器等元件暂态过程的影响,会引起二次电流间断角变形,严重时甚至会造成间断角"消失"的现象,因而需要采用输入差电流波形的导数及其他相应的措施恢复间断角,并利用涌流导数的间断角和波形宽度构成实用的涌流判据。

2. 波形对称原理

波形对称原理是基于故障电流的波形符合对称性,即当前采样时刻的采样值与半周前的采样值具有相反的符号,且模值大小相近,如图 6-11(a)所示。励磁电流的波形不符合对称性,如图 6-11(b)所示。由此可区分故障电流和励磁涌流。

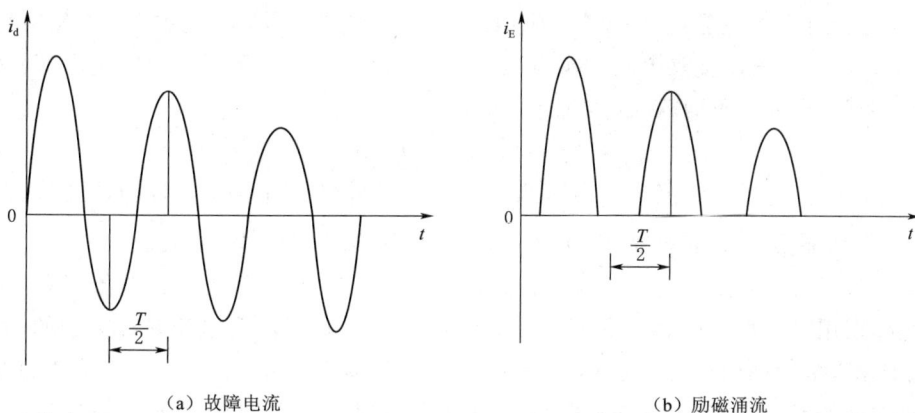

(a)故障电流　　　　　　　　　　　　　　(b)励磁涌流

图 6-11　故障电流与励磁涌流波形

考虑到电流互感器的饱和以及微机保护中电流变换器的传变特性的影响,在微机保护中,为保证正确识别故障电流和励磁涌流,需要连续检测一段时间(如半个周期以上),才能判别波形是否满足对称性。

3. 谐波识别法

谐波识别法是应用最普遍的一种判别励磁涌流的方法。根据对变压器空载合闸时产生的励磁涌流的谐波分析可知,在励磁涌流中含有许多高次谐波,其中以二次谐波最多。考虑到合闸时电压的初相角、铁芯中剩磁大小和方向、饱和磁密、三相变压器的接线方式、系统的阻抗等各种因素的影响,励磁涌流中二次谐波的含量一般不低于 15%。而变压器发生内部故障时,故障电流二次谐波的含量较低。因此可采用判断二次谐波含量来区别故障电流和励磁涌流。变压器各侧的电流经过电流互感器传送输入微机保护装置后,装置经采样及软件计算后得出变压器差动电流中的基波电流和二次谐波电流,当二次谐波电流与基波电流之比大于整定的二次谐波制动系数时,判定为励磁涌流,闭锁变压器差动保护。

对于 500kV 超高压变压器的纵差动保护,还可以增加 5 次谐波制动判据。除了上述常用的方法外,磁通制动特性的差动保护原理也有研究和应用,它是一种利用变压器在发生励磁涌流和内部故障时具有不同的磁通特征来识别励磁涌流的方法。通过输入微机保护装置的电压量和电流量，算出简化的磁化曲线与差动电流 i_d 的关系来识别励磁涌流。

六、变压器纵差动保护的整定计算

下面介绍二次全星形联结的微机变压器纵差动保护的整定计算方法。

1. 电流平衡调整系数的整定

变压器的各侧电流互感器采用星形联结，由软件进行变压器绕组校正后，由于变压器各侧额定电流不等及各侧 TA 电流比不等，还必须对各侧计算电流进行平衡调整，才能消除不平衡电流对变压器差动保护的影响。具体计算时，只需根据变压器各侧的一次额定电流、TA 电流比求出电流平衡调整系数 K_b，将 K_b 当作定值输入微机保护，由软件实现电流自动平衡调整，消除不平衡电流影响，具体计算如下。

（1）计算变压器各侧的一次额定电流。变压器各侧的一次额定电流为

$$I_{1N}=S_N/\sqrt{3}U_s \tag{6-12}$$

式中：S_N 为变压器额定容量，kVA，应取最大容量侧的容量；U_s 为相应侧额定线电压，kV，有调节分接头时，应取中间抽头电压；I_{1N} 为相应侧的变压器一次额定电流，A。

（2）计算变压器各侧 TA 二次额定计算电流 I_{2NC}：

$$I_{2NC}=(I_{1N}/n_{TA})\times K_{jx} \tag{6-13}$$

式中：n_{TA} 为相应侧 TA 电流比，高压侧记为 n_{TAH}，中压侧记为 n_{TAM}，低压侧记为 n_{TAL}；K_{jx} 为 TA 接线系数，变压器 Y 形侧 $K_{jx}=\sqrt{3}$，变压器△形侧 $K_{jx}=1$。

由式（6-13）决定的 I_{2NC} 实质上是由软件计算的二次侧额定计算电流，对于变压器各侧 TA 都采用星形联结的微机保护来说，它与 TA 二次侧额定电流是有区别的。

（3）计算电流平衡调整系数 K_b。首先规定变压器高压侧的 I_{2NC} 为电流基准值 $I_n=I_{2NHC}$，即各侧电流都折算到高压侧进行计算（有的保护装置以标幺值进行计算，有的保护装置以 5A 为基准），然后对其他各侧的 TA 电流比进行计算调整。其调整系数 K_b 作为整定值输入保护装置，由保护装置完成差动回路的自动平衡，其他各侧调整系数按下式计算：

$$K_b=I_n/I_{2NC} \tag{6-14}$$

低压侧调整系数整定值 K_{bl} 和中压侧调整系数整定值 K_{bm} 分别为

$$K_{bl}=U_L n_{TAL} K_{jx.h}/U_H n_{TAH} K_{jx.l} \tag{6-15}$$

$$K_{bm}=U_M n_{TAM} K_{jx.h}/U_H n_{TAH} K_{jx.m} \tag{6-16}$$

式中：下标 H，h，M、m，L、l 分别表示高压侧、中压侧和低压侧。例如对于 YN、Y，a0，d11 三绕组变压器，则 $K_{jx.h}=\sqrt{3}$，$K_{jx.m}=\sqrt{3}$，$K_{jx.l}=1$。

在微机变压器保护装置中，采用软件补偿的方法，可将正常运行时的不平衡电流减少到非常小的数值。

2. 最小动作电流的整定

在正常运行情况下，传统的变压器纵差动保护装置中为防止电流互感器二次回路断线时引起差动保护误动作，保护装置的启动电流应大于变压器的最大负荷电流 $I_{L.max}$。当负荷电流不能确定时，可采用变压器的额定电流 $I_{N.T}$，引入可靠系数 K_{rel}，则保护装置的启

动电流为

$$I_d = K_{rel} I_{L.\,max} / n_{TA} \qquad (6-17)$$

在微机变压器纵差动保护装置中，由于有 TA 断线自动检测及闭锁差动保护功能，因此可不按上述原则整定，因为按躲最大负荷电流 $I_{L.\,max}$ 整定会大大降低纵差保护的灵敏度。在正常运行时，变压器不平衡差流很小，差动保护最小动作电流 $I_{d.\,min}$ 可按躲过变压器在最大负荷电流 $I_{L.\,max}$ 运行时产生的不平衡电流整定。当负荷电流不能确定时，可采用变压器的额定电流 $I_{N.T}$。纵差动保护的最小动作电流为

$$I_{d.\,min} = K_{rel} (K_{st} 10\% + \Delta U + \Delta m) I_{L.\,max} / n_{TA} \qquad (6-18)$$

式中：K_{rel} 为可靠系数，取 1.3；其他意义同前。

一般情况下，$I_{d.\,min}$ 约为 $0.2 \sim 0.5 I_n$；I_n 为基准电流，也就是基准侧二次额定计算电流。

3. 制动特性拐点电流的整定

拐点电流 $I_{res.1}$ 决定保护开始产生制动作用的电流大小。为了保证在各种运行方式下差动保护的动作电流为 $I_{d.\,min}$，选择拐点电流 $I_{res.1}$ 略大于最小动作电流 $I_{d.\,min}$，一般取

$$I_{res.1} = (0.6 \sim 1.1) I_n \qquad (6-19)$$

对于三折线比率制动特性的第二拐点电流 $I_{res.2}$，一般取

$$I_{res.2} \leqslant 3 I_n \qquad (6-20)$$

4. 比率制动系数的整定

变压器纵差动保护整定所采用的最大不平衡电流 $I_{ub.\,max}$ 可以按下列公式确定。

1）对于三绕组变压器：

$$I_{ub.\,max} = 10\% K_{st} K_{aper} I_{s.\,max} + \Delta U_H I_{s.\,H.\,max} + \Delta U_M I_{s.\,M.\,max} + \Delta m_1 I_{s.\,1.\,max} + \Delta m_2 I_{s.\,2.\,max}$$

$$(6-21)$$

式中：$I_{s.\,max}$ 为流过故障侧电流互感器的最大外部短路周期分量电流；$I_{s.\,H.\,max}$、$I_{s.\,M.\,max}$ 分别为外部短路时，流过调压侧（H、M）电流互感器的最大周期分量电流；$I_{s.\,1.\,max}$、$I_{s.\,2.\,max}$ 分别为外部短路时，流过变压器非故障侧的最大周期分量电流；Δm_1、Δm_2 分别为由于非故障侧的电流互感器电流比不完全匹配和微机保护装置的固有误差而产生的误差，初选可取 $\Delta m_1 = \Delta m_2 = 0$。

对微机保护，通过精确数字补偿，此项可略。

2）对于两绕组变压器：

$$I_{ub.\,max} = (10\% K_{st} K_{aper} + \Delta U + \Delta m) I_{s.\,max} \qquad (6-22)$$

过坐标原点的直线比率制动特性的斜率为

$$K_{res} = I_{ub.\,max} / I_{res.\,max} \qquad (6-23)$$

两折线比率制动特性的第二折线斜率为

$$K = (K_{rel} I_{ub.\,max} - I_{d.\,min}) / (I_{res.\,max} - I_{res.1}) \qquad (6-24)$$

三折线比率制动特性的第二和第三折线斜率一般可以分别取为

$$K_1 = 0.15 \sim 0.3 \qquad (6-25)$$

$$K_2 = 0.5 \sim 0.7 \qquad (6-26)$$

5. 灵敏度的计算

在系统最小运行方式下，计算变压器出口金属性短路的最小短路电流 $I_{d.min}$，同时计算相应的制动电流 I_{res}，然后在动作特性曲线上查出相应的动作电流 I_d，则灵敏系数为

$$K_{sen} = I_d / I_{d.min} \qquad (6-27)$$

6. 谐波制动系数的整定

利用二次谐波来防止励磁涌流误动的差动保护，二次谐波含量表示差动电流中的二次谐波分量与基波分量的比值。一般二次谐波制动系数 $K_{(2)}$ 可整定为 $0.15 \sim 0.2$。如果同时采用五次谐波制动，则五次谐波制动系数 $K_{(5)}$ 可整定为 0.35。

7. 差动电流速断的整定

为了加速切除变压器严重的内部故障，常常增设差动电流速断保护，其动作电流按照躲避变压器的励磁涌流来整定，即

$$I_{d.set} = K_{rel} I_{EF.max} \qquad (6-28)$$

式中：$I_{EF.max}$ 为变压器实际的最大励磁涌流；K_{rel} 为可靠系数，可取 1.3。

实际的最大励磁涌流很难测量，一般取 $I_{d.set} = (4 \sim 8) I_{N.T}$，$I_{N.T}$ 为变压器额定电流。差动电流速断保护的灵敏度按正常运行方式下保护安装处金属性两相短路计算。

> 相对于线路和发电机的差动保护，变压器纵联差动保护主要解决两个难题：①区外短路等原因产生的较大不平衡电流问题；②励磁涌流问题。

第44课 变压器相间短路和接地短路的后备保护

一、变压器相间短路的后备保护

为反应变压器外部相间故障而引起的变压器绕组过电流，以及在变压器发生严重内部相间故障时，作为差动保护和气体保护的后备，变压器需要装设相间短路的后备保护。保护的方式有过电流保护、低电压启动的过电流保护、复合电压启动的过电流保护、负序过电流保护以及阻抗保护等。

变压器过电流保护的工作原理与定时限过电流保护相同，一般用于降压变压器，按照躲开变压器可能出现的最大负荷电流整定。这样整定后的启动电流一般较大，对于升压变压器、系统联络变压器或容量较大的降压变压器，灵敏度往往不能满足要求，为此可以采用低电压启动或复合电压启动的过电流保护。低电压启动的过电流保护只有在电流元件和低电压元件同时动作后才能起动整套保护，复合电压启动的过电流保护在低电压启动的过电流保护基础上增加了负序电压的判据，因而提高了不对称故障时的灵敏性。对大容量的变压器和发电机组可以进一步采用负序过电流保护。当电流、电压保护不能满足灵敏度要求或根据系统保护间配合的要求时，变压器的相间故障后备保护也可以采月阻抗保护。阻抗保护通常用于 $330 \sim 500kV$ 大型联络变压器、升压及降压变压器，作为变压器引线、母线及相邻线路相间短路的后备保护。

变压器过电流保护和阻抗保护的原理与线路的保护基本相同，不再赘述。负序过电流

保护原理将在"发电机保护"中讨论。这里介绍复合电压启动的过电流保护原理。

（一）复合电压起动的（方向）过电流保护

复合电压启动的（方向）过电流保护由复合电压元件（负序过电压和相间低电压）、相间方向元件及三相过电流元件"与"构成。复压方向过电流保护逻辑框图如图6-12所示。过电流启动值可按需要配置若干段，每段可配不同的时限。当发生不对称短路时，由于出现负序电压，保护装置会动作；当发生对称短路时会出现低电压，保护装置也会动作。

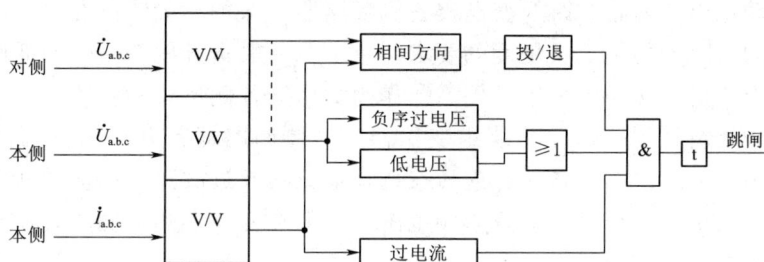

图6-12 复压方向过电流保护逻辑框图

1. 复合电压元件

复合电压元件由负序过电压和低电压部分组成。负序电压反映系统的不对称故障，低电压反映系统对称故障。复合电压元件可取本侧电压，也可以取变压器对侧电压"或"的方式。当下列两个条件中任一条件得到满足时，复合电压元件动作：

$$U_2 > U_{2.\text{set}} \tag{6-29}$$

$$U_1 < U_{\text{set}} \tag{6-30}$$

式中：$U_{2.\text{set}}$ 为负序电压动作值；U_{set} 为低电压动作值；U_1 为三个相间线电压中最小的一个。

低电压元件的动作电压按躲开正常运行时的母线最低工作电压整定，其整定值通常取

$$U_{\text{set}} = 0.7 U_{\text{N.T}} \tag{6-31}$$

式中：$U_{\text{N.T}}$ 为变压器的额定线电压。

负序电压元件的动作电压按躲开正常运行时的最大不平衡负序电压整定。其动作值可整定为

$$U_{2.\text{set}} = (0.06 \sim 0.12) U_{\text{N.T}} \tag{6-32}$$

2. 过电流元件过电流元件

接于电流互感器二次三相回路中，电流元件按躲开变压器的额定电流整定，即

$$I_{\text{set}} = \frac{K_{\text{rel}}}{K_{\text{re}}} I_{\text{N.T}} \tag{6-33}$$

式中：I_{set} 为电流动作值；K_{rel} 为可靠系数；K_{re} 为返回系数；$I_{\text{N.T}}$ 为变压器的额定电流。

3. 相间功率方向元件

方向元件常用90°接线方式，最大灵敏角可取-30°或45°。相间方向元件的电压可取本侧或对侧的，取对侧时，两侧绕组接线方式应一样。为防止三相短路失去方向性，相间方向元件的电压可由另一侧电压互感器提供，也可以利用微机保护的记忆功能通过记忆方法保存故障前电压信息进行计算。

大容量的变压器和发电机组，由于额定电流很大，而相邻元件末端两相短路故障时的故障电流可能较小，因而复合电压起动的过电流保护往往不能满足作为相邻元件后备保护时对灵敏度的要求。在这种情况下，可采用负序过电流保护，以提高不对称故障时的灵敏度。

（二）变压器相间短路后备保护的配置原则

相间短路的后备保护主要有两个作用：①作为变压器差动保护、气体保护的后备，要求它动作后启动总出口回路，跳开变压器各侧断路器。保护一般装设在主电源侧，但对变压器各电压侧的故障均能满足灵敏度的要求。主电源一般指升压变压器的低压侧、降压变压器的高压侧或联络变压器的大电源侧。②作为变压器各侧母线和线路保护的后备，要求只动作跳开本侧的断路器。由于三绕组变压器在一侧断路器断开后另外两侧还能继续运行，所以在作为相邻元件的后备时，应该有选择地只跳开近故障点一侧的断路器，保证另外两侧继续运行，尽可能地缩小故障影响范围。一般在变压器的各侧均装设相间短路后备保护，并根据需要加设方向元件。

相间短路后备保护的配置与被保护变压器电气主接线方式及各侧电源情况有关。现简单分析如下。

（1）对于双绕组变压器，相间短路的后备保护可以只装设在主电源侧。根据主接线情况可带一段或两段时限，较短时限用于缩小故障影响范围，较长时限用于断开各侧断路器。

（2）对于单侧电源的三绕组变压器，相间短路后备保护宜装设在主电源侧及主负荷侧，如图 6-13 所示。以过电流保护为例，设 t_I、t_{II}、t_{III} 分别为各侧母线后备保护的动作时限。负荷侧的过电流保护只作为母线 III 保护的后备，动作后只跳开断路器 QF_3。动作时限 t_3 应该与母线 III 保护的动作时限相配合，即 $t_3 = t_{III} + \Delta t$，其中 Δt 为一个时限级差。电源侧的过电流保护作为变压器主保护和母线 II 保护的后备。为了满足外部故障时尽可能缩小故障影响范围的要求，电源侧的过电流保护采用两个时间元件，以较小的时限 $t_2 = \max(t_{II}, t_3) + \Delta t$ 跳开断路器 QF_2，以较大的时限，$t_1 = t_2 + \Delta t$ 跳开三侧断路器 QF_1、QF_2 和 QF_3。这样，母线 III 故障时保护的动作时间最快，母线 II 故障时其次，变压器内部故障时保护的动作时间最慢。若电源侧过电流保护作为母线 II 的后备保护灵敏度不够时，则应该在三侧都装设过电流保护。两个负荷侧的保护只作为本侧母线保护的后备。电源侧保护则兼作为变压器主保护的后备，只需要一个时间元件。三者动作时间的配合原则相同。

（3）对于多侧电源的三绕组变压器，各侧均应装设后备保护，并根据需要增设方向元件，如图 6-14 所示，在变压器三侧分别装设过电流保护作为本侧母线保护的后备保护，主电源侧的过电流保护兼作变压器主保护的后备保护。假设 I 侧为主电源侧。I 侧、II 侧和 III 侧作为本侧母线后备保护的动作时限分别取 $t_1 = t_I + \Delta t$、$t_2 = t_{II} + \Delta t$、$t_3 = t_{III} + \Delta t$，其中 I 侧和 II 侧的过电流保护还应增设方向元件，方向分别指向该侧母线 I 和 II，保护动作后分别跳开相应侧的断路器。作为变压器主保护的后备保护动作时限取 $t_T = \max(t_1, t_2, t_3) + \Delta t$，装在变压器主电源侧，动作后跳开三侧断路器。这样，当任一母线故障时，相应侧的方向元件起动（III 侧不需方向元件），过电流保护动作跳开本侧断路器，变压器另外二侧可以继续运行。当变压器内部故障时，各侧方向元件均不起动（Ⅲ侧过电流保护不起动），主电源侧过电流保护经时限上总出口跳开三侧断路器。

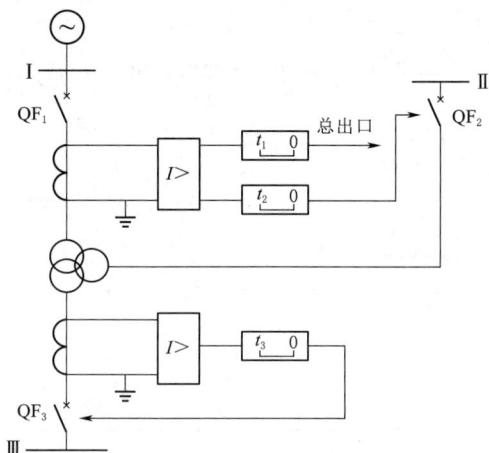

图 6-13　单侧电源三绕组变压器
相间短路后备保护的装置

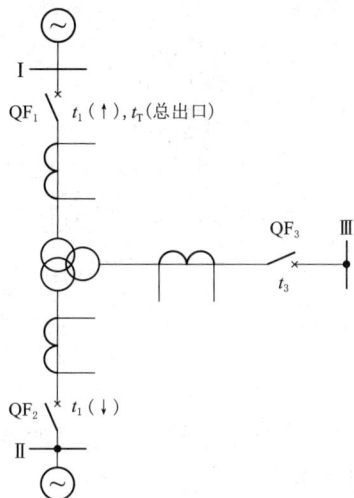

图 6-14　多侧电源三绕组变压器
相间短路后备保护的配置

二、变压器接地短路的后备保护

电力系统中，接地故障是最常见的故障形式。中性点直接接地系统的变压器一般要求装设接地保护，作为变压器主保护和相邻元件接地保护的后备保护。

（一）中性点直接接地变压器的零序电流保护

中性点直接接地运行的变压器通常采用零序电流保护作为变压器或相邻元件接地故障的后保护，对自耦变压器和三绕组变压器可以选择带零序功率方向，以实现零序方向电流保护。当零序电流保护的灵敏度不能满足要求时，可以采用接地阻抗保护。

零序电流保护一般采用两段式，每段各带两级延时，如图 6-15 所示，零序电流取自变压器中性点电流互感器的二次侧。零序电流保护 Ⅰ 段作为变压器及母线接地故障的后备保护，与相邻元件零序电流保护 Ⅰ 段相配合。以较短时延 t_1 动作于母线解列，即断开母联断路器或分段断路器 QF，以缩小故障影响范围，在另一条母线故障时，使变压器能够继续运行。以较长时延 $t_2=t_1+\Delta t$ 跳开变压器两侧断路器。由于母线专用保护有时退出运行，而母线及附近发生短路故障时对电力系统影响比较严重，所以设置零序电流保护 Ⅰ 段，用以尽快切除母线及其附近故障。零序电流保护 Ⅱ 段作为引出线接地故障的后备保护，与相邻元件零序电流保护后备段（通常是最后一段）相配合。同样以 t_3 的断开母联断路器或分段断路器，以 $t_4=t_3+\Delta t$ 动作于跳开变压器。

对自耦变压器和高、中压侧中性点都直接接地的三绕组变压器，在高、中压侧均应装设两段式双时限的零序电流保护，当有选择性要求时，应增设方向元件。保护动作按照尽量减少故障影响范围的原则，有选择性地跳开母联断路器、变压器本侧断路器和各侧断路器。由于变压器中性点接地改变时，会引起零序电流分布发生变化，往往会使零序电流保护的灵敏度降低，因此在变压器中性点接地的两侧均需设动作于总出口的零序电流保

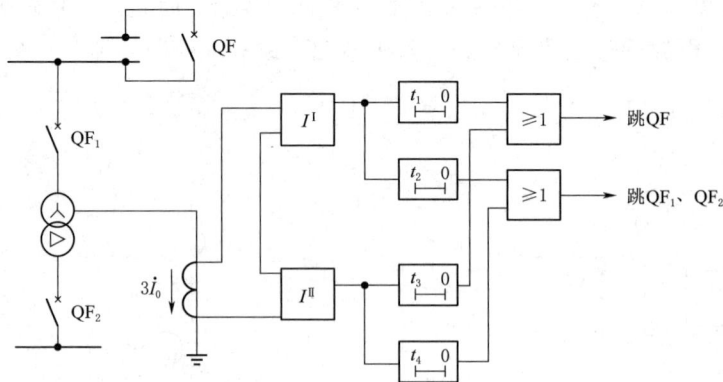

图 6-15 中性点直接接地变压器的零序电流保护逻辑图

护段。

（二）中性点不接地变压器的接地后备保护

对于多台变压器并联运行的变电所，通常采用一部分变压器中性点接地运行，而另一部分变压器中性点不接地运行的方式。这样可以将接地故障电流水平限制在合理范围内，同时也使整个电力系统零序电流的大小和分布情况尽量不受运行方式变化的影响，从而保证零序保护有稳定的保护范围和足够的灵敏度。如图 6-16 所示，T_2 和 T_3 中性点接地运行，T_1

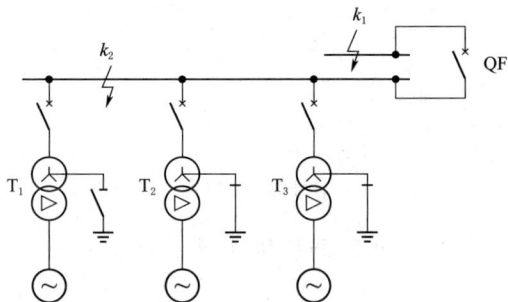

图 6-16 多台变压器并联运行的变电所

中性点不接地运行。k_2 点发生单相接地故障时，T_2 和 T_3 由零序电流保护动作而被切除，T_1 由于无零序电流，仍将带故障运行。此时变成了中性点不接地系统单相接地故障的情况，将产生接近额定相电压的零序电压，危及变压器和其他电力设备的绝缘介质，因此需要装设中性点不接地运行方式下的接地保护将 T_1 切除。中性点不接地运行方式下的接地保护根据变压器绝缘等级的不同，分别采用如下的保护方案。

1. 全绝缘变压器的接地保护

对于全绝缘变压器，由于变压器绕组各处的绝缘水平相同，因此在系统发生接地故障时，中性点直接接地变压器先跳开后，绝缘介质不会受到威胁，但此时产生的零序过电压会危及其他电力设备的绝缘介质，需要装设零序电压保护将中性点不接地运行的变压器切除，如图 6-17 所示。零序电流保护作为变压器中性点接地运行时的接地保护，与图 6-15 的零序电流保护完全一样。零序电压保护作为中性点不接地运行时的接地保护，零序电压取自电压互感器二次侧的开口三角形绕组。零序电压保护的动作电压要躲过部分中性点接地的电网中发生单相接地短路时，保护安装处可能出现的最大零序电压；同时要在发生单相接地且失去接地中性点时有足够的灵敏度。由于零序电压保护是在中性点接地变压器全部断开后才失去接地中性点时有足够的灵敏度。由于零序电压保护是在中性点接地变压器全部断开后才动作的，因此保护动作时限 t 不需要与电网中其他元件的接地保护相配合，只需要躲过接地短路暂态过程的影响，通常取 $0.3\sim0.5\text{s}$。

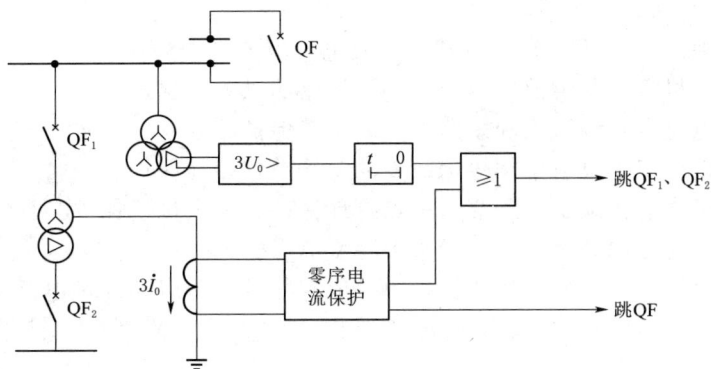

图 6-17　全绝缘变压器接地保护原理接线图

2. 分级绝缘变压器的接地保护

220kV 及以上电压等级的大型变压器，为了降低造价，高压绕组采用分级绝缘，中性点绝缘水平比较低，在单相接地故障且失去接地中性点时，其绝缘介质将受到破坏。因此，在发生接地故障时，应先切除中性点不接地的变压器，再切除中性点接地的变压器。为此可以在变压器中性点装设放电间隙，当间隙上的电压超过动作电压时迅速放电，形成中性点对地的短路，从而保护变压器中性点的绝缘介质。因放电间隙不能长时间通过电流，故在放电间隙上装设零序电流元件，在检测到间隙放电后迅速切除变压器。另外，放电间隙是一种比较粗糙的设施，由于气象条件、连续放电的次数等因素的影响，可能会出现该动作而不能动作的情况，因此还需要装设零序电流和电压保护，动作后切除变压器，以防间隙长时间放电，并作为放电间隙拒动的后备。

> 变压器相间短路的后备保护不仅是变压器主保护的后备，也是相邻母线或线路的后备。变压器接地短路的后备保护是反应变压器高压绕组、引出线上的接地短路，并作为变压器主保护和相邻母线、线路接地保护的后备保护。

第 45 课　发电机定子绕组短路故障的保护

发电机是电力系统中十分重要和贵重的设备，一旦发生故障遭到破坏，会造成很大的经济损失和影响。保证发电机组安全运行和防止其遭受严重破坏，对电力系统的稳定运行和对用户不间断供电起着决定性的作用。因此，要充分完善发电机继电保护的配置方案，将故障和不正常运行方式对电力系统的影响限制到最小范围。

发电机的故障类型主要有：定子绕组相间短路；定子一相绕组的匝间短路；定子绕组单相接地；转子绕组一点接地或两点接地；转子励磁回路励磁电流异常下降或完全消失。

发电机的不正常运行状态主要有：外部短路引起的定子绕组过电流；负荷超过发电机额定容量引起的三相对称过负荷；外部不对称短路或不对称负荷（如单相负荷，非全相运行等）引起的发电机负序过电流和过负荷；突然甩负荷引起的定子绕组过电压；励磁回路故障或强励时间过长引起的转子绕组过负荷；汽轮机主气门突然关闭引起的发电机逆功率等。

针对上述故障类型和不正常运行状态，发电机应装设下列保护：

（1）反应发电机定子绕组及其引出线相间短路的纵差动保护。

（2）反应发电机定子绕组匝间短路的匝间短路保护。

（3）反应发电机定子绕组单相接地故障的定子单相接地保护。

（4）反应转子绕组接地的转子绕组一点接地保护和两点接地保护。

（5）反应转子励磁回路励磁电流异常下降或消失的失磁保护。

（6）反应发电机短路故障的后备保护，一般有复合电压启动的过电流保护、对称过负荷及过电流保护、不对称过负荷及过电流保护、转子过负荷及过电流保护、低阻抗保护等。

（7）反应汽轮发电机主气门突然关闭的逆功率保护。

（8）反应发电机过励磁故障的过励磁保护。

（9）反应发电机非稳定振荡的失步保护。

（10）其他保护：定子绕组过电压保护、低频保护、突加电压保护、起停机保护、非全相保护以及非电量保护等。

为了快速消除发电机内部的故障，在保护动作于发电机断路器跳闸的同时，还必须动作于自动灭磁开关，断开发电机励磁回路，以使转子回路电流不会在定子绕组中再感应电动势，继续供给短路电流。

一、发电机纵差动保护

发电机纵差动保护是发电机定子绕组及其引出线相间短路的主保护。发电机纵差动保护的原理与短距离输电线路及变压器纵差动保护的原理相同，这里不再重复详述。

（一）发电机纵差动保护的接线

根据接线方式和位置的不同，纵差动保护可分为完全纵差动保护和不完全纵差动保护。两者的区别是接入发电机中性点的电流不同。

1. 完全纵差动保护

发电机完全纵差动保护是发电机内部相间短路故障的主保护。保护接入发电机中性点的全部电流，其保护原理接线图如图 6-18 所示，$\dot{I}_T$ 和 $\dot{I}_N$ 分别为发电机机端、中性点侧一次电流。发电机机端、中性点侧的电流互感器的接线方式均为 Y 形联结。CTA、CTB、CTC 分别为对应于发电机机端 A、B、C 相的电流变换器，CTa、CTb、CTc 分别为对应于发电机中性点侧 a、b、c 相的电流变换器。其保护逻辑框图如图 6-19 所示。

2. 不完全纵差动保护

不完全纵差动保护也是发电机内部故障的主保护，既能反应发电机（或发电机一变压器组）内部各种相间短路，也能反应匝间短路，并在一定程度上反应分支绕组的开焊故障。

由于完全纵差动保护引入发电机定子机端和中性点两侧全部的相电流，在定子绕组发生匝间短路时两侧电流仍然相等，因此保护不能动作。通常大型发电机定子绕组每相均有两个或多个并联分支，若仅引入发电机中性点侧部分分支电流与机端电流来构成纵差动保护，适当选择两侧电流互感器的变比，也可以保证正常运行及区外故障时没有差流，而在发电机相间或匝间短路时均会产生差流，使保护动作切除故障。这种纵差动保护被称为不完全纵差动保护，其保护原理接线图如图 6-20 所示。

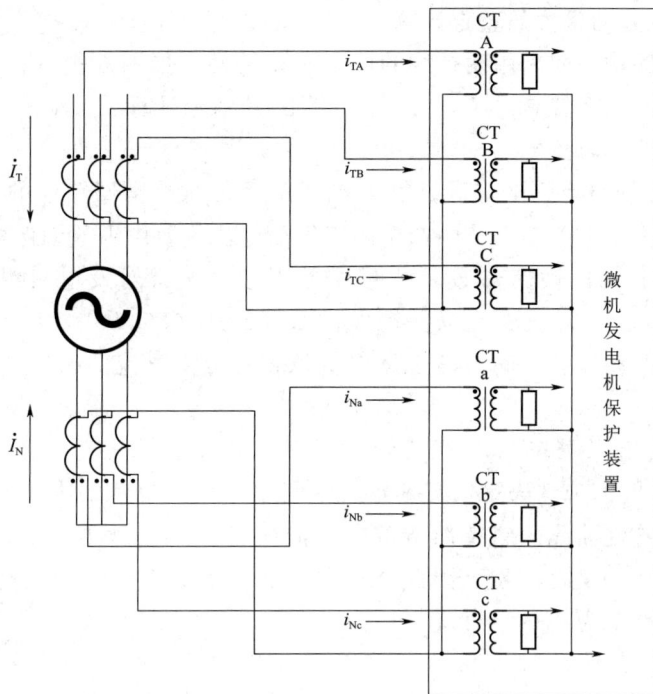

图 6-18　发电机纵差动保护原理接线图

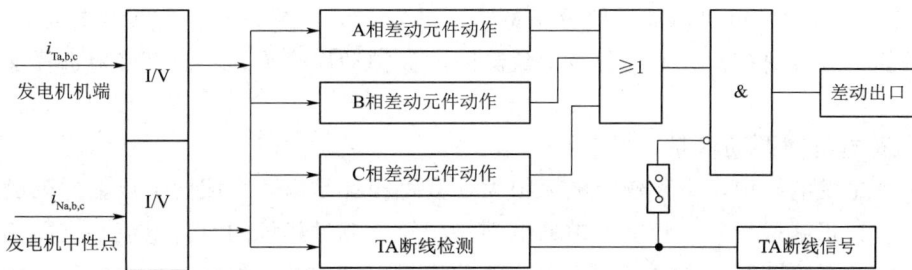

图 6-19　发电机纵差动保护逻辑框图

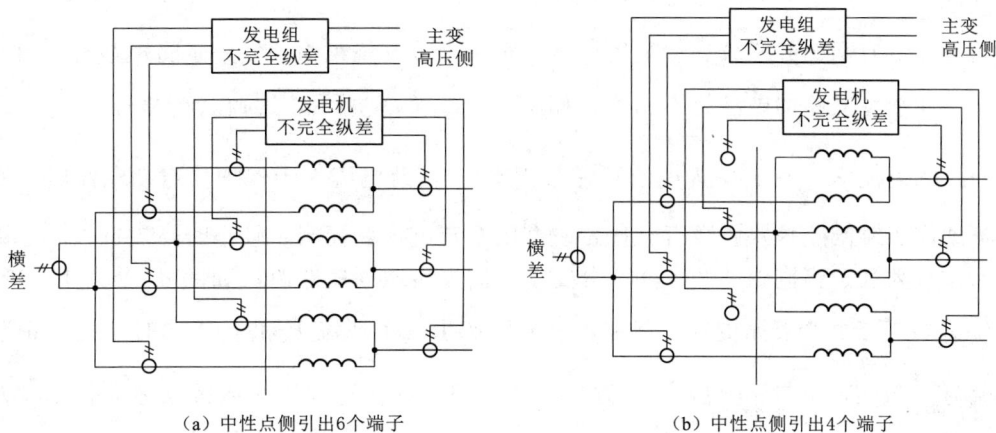

（a）中性点侧引出6个端子　　　　　　　　　（b）中性点侧引出4个端子

图 6-20　发电机不完全纵差动保护原理接线图

（二）发电机纵差动保护的整定计算

发电机纵差动保护一般采用两折线的比率制动特性，如图 6 - 8 所示。因此对纵差动保护的整定计算，实质上就是对 $I_{d.min}$、$I_{res.1}$ 及 K 的整定计算。

1. 启动电流 $I_{d.min}$ 的整定

启动电流 $I_{d.min}$ 的整定原则是躲过发电机额定运行时差动回路中的最大不平衡电流。在发电机额定工况下，在差动回路中产生的不平衡电流主要由纵差动保护两侧的电流互感器 TA 电流比误差、二次回路参数及测量误差引起。通常对发电机纵差动保护，可取 $I_{d.min}=(0.1\sim0.3)I_{N.G}$，对发变组纵差动保护取 $(0.3\sim0.5)I_{N.G}$，$I_{N.G}$ 为发电机额定电流。对于不完全纵差动保护，尚需考虑发电机每相各分支电流的差异，应适当提高 $I_{d.min}$ 的整定值。

2. 拐点电流 $I_{res.1}$ 的整定

拐点电流 $I_{res.1}$ 的大小，决定保护开始产生制动作用的电流的大小。显然，在启动电流 $I_{d.min}$ 及 K 动作特性曲线的斜率保持不变的情况下，$I_{res.1}$ 越小，差动保护的动作区域越小，而制动区增大；反之亦然。因此，拐点电流的大小直接影响差动保护的动作灵敏度。通常拐点电流整定为 $I_{res.1}=(0.5\sim1.0)I_{N.G}$。

3. 制动线斜率 K 的整定

发电机纵差动保护的制动线斜率 K 一般可取 $0.3\sim0.4$。根据规定，发电机纵差动保护的灵敏度是在发电机机端发生两相金属性短路情况下差动电流和动作电流的比值，要求 $K_{sen}\geqslant1.5$。随着对发电机内部短路分析的进一步深入，对发电机内部发生轻微故障的分析成为可能，可以更多地分析内部发生故障时的保护动作行为，从而更好地选择保护原理和方案。

二、发电机横差动保护

在大容量发电机中，由于额定电流很大，其每相都是由两个或两个以上并列的分支绕组组成的。在正常运行时，各绕组中的电动势相等，流过相等的负荷电流。当同相内非等电位点发生匝间短路时，各分支绕组中的电动势就不再相等，因而会由于出现电动势差而在各绕组中产生环流。利用这个环流，即可实现对发电机定子绕组匝间短路的保护，此即横差动保护。

以每相具有两个并联分支绕组为例。当某一个分支绕组内部发生匝间短路时，由于故障支路和非故障支路的电动势不相等，如图 6 - 21（a）所示，因此会产生环流 $\dot{I}_k$。进入差动回路的电流为 $\dfrac{\dot{I}_k}{n_{TA}}$（$n_{TA}$ 为电流互感器变比），当此电流大于保护的启动电流时，横差动保护动作于跳闸。短路匝数百分比 α 越多则环流越大，而当 α 较小时环流也较小，因此保护动作有死区。当同相的两个并联分支绕组间发生匝间短路时，如图 6 - 21（b）所示，若 $\alpha_1\neq\alpha_2$，由于两个支路的电动势差，将分别产生两个环流 $\dot{I}'_k$ 和 $\dot{I}''_k$，此时流过保护装置的电流为 $\dfrac{2\dot{I}'_k}{n_{TA}}$；若 α_1 与 α_2 的差很小时，也会出现死区。这种接线通常也称为裂相横差动保护。

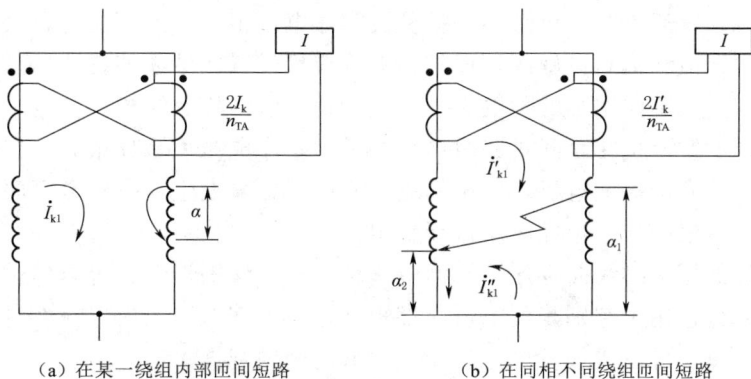

（a）在某一绕组内部匝间短路　　　（b）在同相不同绕组匝间短路

图 6-21　发电机绕组匝间短路的电流分布和裂相横差动保护接线

　　采用单元件接线的横差动保护原理如图 6-22 所示，电流互感器装于发电机两组星形中性点的连线上。当发电机定子绕组发生各种匝间短路时，中性点连线上有环流流过，横差动保护动作。但是当同一绕组匝间短路的匝数较少，或同相的两个分支绕组电位相近的两点发生匝间短路时，由于环流较小，保护可能不动作。因此，横差动保护存在死区。该保护还能够反应定子绕组分支线开焊以及机内绕组相间短路。按这种接线方式，当发电机出现三次谐波电动势时，三相的三次谐波电动势在正常状态下接近同相位。如果任一支路的三次谐波电动势与其他支路的不相等，就会在两组星形中性点的连线上出现三次谐波的环流，并通过互感器反应到保护中去，因此，横差动保护需要采用三次谐波过滤器，以滤掉三次谐波的不平衡电流。保护的启动电流按躲过外部故障和不正常运行状态时流过发电机中性点的最大不平衡电流整定。由于工艺、绕组设计方面的原因，不同机组的不平衡电流大小不尽相同，应以实测为准。

三、发电机纵向零序过电压保护

　　纵向零序过电压保护，不仅可作为发电机内部匝间短路的主保护，还可作为发电机内部部分相间短路的保护。

　　发电机定子绕组发生内部短路时，会出现发电机机端相对于中性点的纵向不对称，三相机端对中性点的电压不再平衡。在发电机机端接专用的电压互感器，将电压互感器的一次侧中性点与发电机中性点直接相连且不接地，这样互感器开口三角形绕组输出的电压即为纵向零序电压，当测量到纵向零序电压超过整定值时，保护动作如图 6-23 所示。

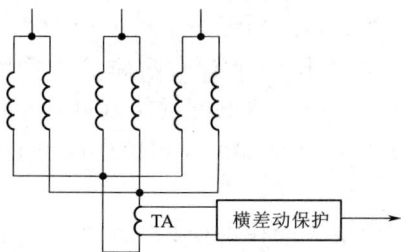

图 6-22　采用单元件接线的横差动保护原理图　　图 6-23　纵向零序过电压保护逻辑框图

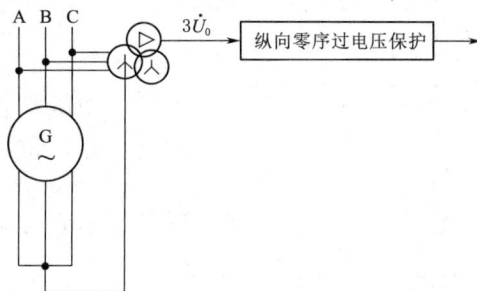

由于发电机正常运行时，机端不平衡基波零序电压很小，但可能有较大的三次谐波电压，为降低保护定值和提高灵敏度，保护装置中应增设三次谐波的滤波器。

由于不同容量、不同型号的发电机，其定子绕组的结构及线棒在各定子槽内的分布不同，因此，不同的发电机在匝间短路时产生的纵向零序电压值差异很大。在整定保护装置的动作电压时，首先应对发电机定子结构进行研究，估算发生最少匝数匝间短路时的最小零序电压值，然后根据最小零序电压进行整定。

为了防止外部短路时纵向零序不平衡电压增大造成保护误动，可以增设负序功率方向元件作为选择元件，用于判别是发电机内部短路还是外部短路。由于在发电机并网前负序功率方向元件失效，可以增加发电机三相电流低的辅助判据。

> 发电机纵联差动保护是发电机定子绕组相间短路的主保护，可分为完全纵联差动保护和不完全纵联差动保护。完全纵联差动保护能灵敏地反应发电机定子绕组及其引出线相间短路，但不能反映定子绕组同相的匝间短路等；而不完全纵联差动保护则能够同时反应相间短路、匝间短路等。以上两种纵联差动保护均可以采用制动特性原理实现，整定计算方法几乎一样。

第 46 课　装设母线保护的基本原则

一、母线保护的作用

母线是电能集中与分配的重要环节，它的安全运行对不间断供电具有极为重要的意义。母线故障是发电厂和变电所中电气设备最严重的故障之一，将使连接在故障母线上的所有元件在修复故障母线期间或是转换到另一组无故障的母线上运行以前被迫停电。而且，电力系统枢纽变电所的母线上发生故障有可能引起系统稳定的破坏，造成电力系统解列、大面积停电甚至崩溃，所以必须针对母线故障设置相应的保护装置。

低压电网中发电厂或变电所母线大多采用单母线，与系统的电气距离较远，母线故障不至于对系统稳定和供电可靠性带来严重影响，所以可以不装设专门的母线保护，利用供电元件的保护装置来切除母线故障。例如：①如图 6-24 所示的发电厂采用单母线接线，此时母线上的故障可以利用发电机的过电流保护使发电机的断路器跳闸而予以切除；②如图 6-25 所示的降压变电所，其低压侧的母线正常时分列运行，低压母线上的故障可以由相应变压器的过电流保护使变压器的断路器跳闸予以切除；③图 6-26 所示的双侧电源网络（或环形网络），当变电所 F 母线上 K 点短路时，可以由保护 1 和 4 的第 Ⅱ 段动作予以切除，等等。

由于供电元件快速动作的保护（如差动保护）不能反映母线故障，所以利用供电元件的保护装置切除母线故障时，故障切除的时间一般较长。此外，当双

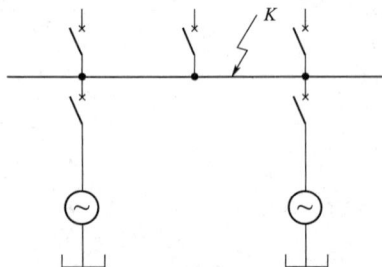
图 6-24　利用发电机的过电流保护切除母线故障

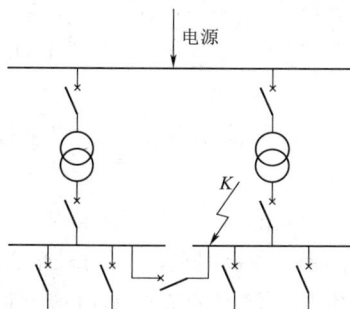

图 6-25　利用变压器的过电流
保护切除低压母线故障

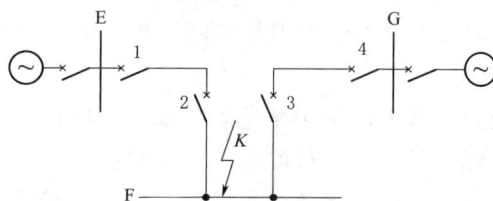

图 6-26　在双侧电源网络上，利用电源
侧的保护切除母线故障

母线同时运行或母线为分段单母线时，上述保护不能保证有选择性地切除故障母线。

随着电力系统规模和容量的不断扩大，目前对高压重要母线普遍装设专门的快速保护。具体而言，在下列情况下应该装设专门的母线保护：①110kV 及以上的双母线和分段单母线，为保证有选择性地切除任一组（或段）母线上所发生的故障，而另一组（或段）无故障的母线仍能继续运行，应该装设专用的母线保护。对于 3/2 断路器接线的每组母线应该装设两套母线保护。②110kV 及以上的单母线，重要发电厂的 35kV 母线或高压侧为 110kV 及以上的重要降压变电所的 35kV 母线，按照系统的要求必须快速切除母线上的故障时，应该装设专用的母线保护。

由于母线在电力系统中的地位极为重要，母线故障对电力系统稳定将造成严重威胁，必须以极快的速度予以切除。而且，母线的连接元件很多，实现母线保护需将所有接于母线各回路的保护二次回路、跳闸回路聚集在一起，结构复杂，极易由于一个元器件或回路的故障，尤其是人为的误碰误操作造成母线保护误动作，使大量电源和线路被切除，造成巨大损失。由于上述原因，对母线保护的要求应该突出安全性和快速性，同时在设计母线保护时还应该注意以下问题：

（1）由于母线保护所连接的支路多，外部故障时，故障电流大，而且超高压母线接近电源，直流分量衰减的时间常数大，因此电流互感器可能出现深度饱和的现象。母线保护必须采取措施，防止因电流互感器饱和导致误动作。

（2）母线的运行方式变化较多，倒闸操作频繁，尤其是双母线接线，随着运行方式的变化，母线上各连接元件经常在两条母线上切换。母线保护必须能适应运行方式的变化。

二、母线保护的分类

母线保护有如下分类方法。

（1）按母线保护的原理分类，可分为电流差动母线保护和电流比相式母线保护。

构成电流差动母线保护的基本原则是：在正常运行以及母线范围以外故障时，在母线上所有连接元件中，流入的电流和流出的电流相等，差动回路的电流为 0，可以表示为 $\sum i = 0$；当母线内部发生故障时，所有与电源连接的元件都向故障点供给短路电流，而供电给负荷的连接元件中电流很小或等于 0，差动回路的电流为短路点的总电流 i_k，即 $\sum i = i_k$。

构成电流比相式母线保护的基本原则是：在正常运行及母线外部故障时，至少有一个母线连接元件中的电流相位和其余元件中的电流相位是相反的，具体说来，就是电流流入的元件和电流流出的元件中电流的相位相反；当母线故障时，除电流等于 0 的元件以外，其他元件中的电流是基本上同相位的。

（2）按母线差动保护中差动回路的电阻大小分类，可以分为低阻抗型、中阻抗型和高阻抗型母线差动保护。

常规的母线差动保护是低阻抗型的，即差动回路的阻抗很小，只有数欧姆。其优点是在内部故障时，当全部故障电流流经阻抗很低的差动回路，差动回路上的电压不会很大，不会因为增大电流互感器的负担而使电流互感器饱和并产生很大的不平衡电流，同时也不会造成保护回路过电压。但在外部故障时，全部故障电流流过故障支路的电流互感器而使其饱和，此时将产生很大的不平衡电流。为了使保护不误动，保护定值应按躲过此不平衡电流整定，或采取制动措施。

高阻抗母线差动保护是在差动回路中串入一高阻抗，其值可在数百欧姆以上，在外部故障使电流互感器饱和时，可减小差动回路的不平衡电流，因而不需要制动。但在内部故障时，差动回路可产生危险的过电压，必须用过电压保护回路减小此过电压，以保证既能使保护装置正确动作又不会因过电压而损坏。

中阻抗母线差动保护实际上是上述两种母线差动保护的折中方案。在差动回路接入一定的阻抗（约 200Ω），采用特殊的制动回路既能减小不平衡电流的影响又不产生危险的过电压，不需要专门的过电压保护回路。

（3）按母线的接线方式分类，可以分为单母线分段、双母线、双母线带旁路母线（专用旁路母线或母联兼旁路母线）、双母线单分段、双母线双分段、3/2 接线母线等的母线保护。桥式接线和四边形接线母线不采用专门的母线保护。

> 目前数字式母线差动保护采用电流差动保护原理，通过专门的 TA 饱和识别和闭锁辅助措施，能有效地防止 TA 饱和引起的误动，适用于单母线、双母线，3/2 接线母线等各种母线接线，因此在我国电力系统中得到广泛的应用。

第47课　母线电流差动保护

一、母线电流差动保护的基本原理

以单母线完全电流母线差动保护为例，其保护原理如图 6 - 27 所示。所谓完全差动是指所有接于母线的支路，不论该支路对端是否有电源，都将其电流接入差动回路，因而这些支路的元件发生故障（电流互感器以外）都不在母线差动保护范围内。完全母差保护在母线的所有连接元件上装设具有相同变比和磁化特性的电流互感器。所有互感器的二次绕组在母线侧的端子互相连接，另一侧的端子也互相连接，然后接入差动回路。差动回路中的电流即为各个二次电流的矢量和。

在正常运行和外部短路时一次电流总和为 0，母线保护用的电流互感器必须具有相同的变比 n_{TA}，才能保证二次侧的电流总和也为 0。因各互感器的特性不可能绝对相同，在

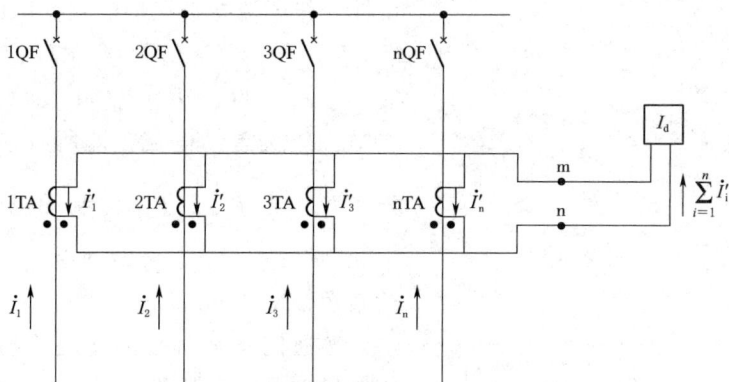

图 6-27 单母线电流差动母线保护原理

正常运行及外部故障时，流入差动回路的是由于各互感器的特性不一致而产生的不平衡电流 I_{ub}；而当母线上发生故障时，所有与电源连接的元件都向短路点 k 供给短路电流。以 3 个连接元件为例，流入差动回路的电流为

$$\dot{I}_k = \dot{I}_1' + \dot{I}_2' + \dot{I}_3' = \frac{1}{n_{TA}}(\dot{I}_1 + \dot{I}_2 + \dot{I}_3) = \frac{1}{n_{TA}}\dot{I}_k \qquad (6-34)$$

$\dot{I}_k$ 即为故障点的全部一次短路电流，此电流足够使保护装置动作，从而使所有连接元件的断路器跳闸。

差动保护的启动电流应按如下条件整定，并选择其中较大的一个：

（1）躲开外部故障时所产生的最大不平衡电流。当所有电流互感器的负载均按 10% 误差的要求选择，且差动回路采用配有速饱和变流器或其他抑制非周期分量的措施时，有

$$I_{set} = K_{rel}I_{ub.max} = K_{rel} \times 0.1 I_{k.max}/n_{TA} \qquad (6-35)$$

式中：K_{rel} 为可靠系数，可取为 1.3；$I_{k.max}$ 为在母线范围外任一连接元件上短路时，流过该元件电流互感器的最大短路电流；n_{TA} 为母线保护所用电流互感器的电流比。

（2）由于母线差动保护电流回路中连接的元件较多，接线复杂，因此，电流互感器二次回路断线的概率比较大。为了防止在正常运行情况下，任一电流互感器二次回路断线时引起保护装置误动作，启动电流应大于任一连接元件中的最大负荷电流 $I_{L.max}$，即

$$I_{set} = K_{rel}I_{L.max}/n_{TA} \qquad (6-36)$$

当保护范围内部故障时，应采用下式校验灵敏系数：

$$K_{sen} = \frac{I_{k.min}}{I_{set}n_{TA}} \qquad (6-37)$$

式中：$I_{k.min}$ 为实际运行中可能出现的连接元件最少，且在母线上发生故障时的最小短路电流值。

一般要求灵敏系数不低于 2。这种保护方式适用于单母线或双母线经常只有一组母线运行的情况。

二、母线差动保护的制动特性

目前广泛使用的微机母线差动保护均采用分相完全电流差动保护原理。为了解决外部故障时的不平衡电流问题，微机母线差动保护引入制动特性，如图 6-28 所示。比率制动

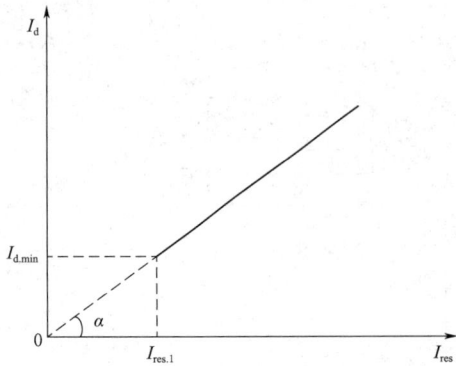

图 6 - 28　母线差动保护的动作特性

特性母线电流差动保护的判据可以为

$$\begin{cases} I_d > I_{d.\min}, I_{res} < I_{res.1} \\ I_d > K_{res} I_{res}, I_{res} \geqslant I_{res.1} \end{cases} \quad (6-38)$$

式中：I_d 为差动电流，即所有连接元件的电流矢量和 $\left| \sum\limits_{i=1}^{n} \dot{I}_i \right|$；$I_{res}$ 为制动电流；$I_{d.\min}$ 为最小动作电流；$I_{res.1}$ 为拐点电流；K_{res} 为比例制动系数，$K_{res} = \tan\alpha$。

普通比率制动特性母线差动保护利用穿越性故障电流作为制动电流克服差动不平衡电流，以防止在外部短路时差动保护的误动作，即

$$I_{res} = \sum_{i=1}^{n} |\dot{I}_i| \quad (6-39)$$

由于在母线内部短路时，差动回路中也有制动电流，尤其是在 3/2 断路器接线的母线中可能有部分故障电流流出母线，加大了制动量，在此种情况下普通比率制动特性母线差动保护的灵敏度将有所下降。为了提高比率制动特性母线差动保护的灵敏性，希望进一步降低在发生内部短路时的制动电流。为此提出的复式比率制动特性的制动电流取为

$$I_{res} = \sum_{i=1}^{n} |\dot{I}_i| - \left| \sum_{i=1}^{n} \dot{I}_i \right| \quad (6-40)$$

此外，还可以利用故障分量实现母线差动保护，故障分量比率制动特性可以避免故障前的负荷电流对比率制动特性产生的不良影响，从而提高母线差动保护的灵敏度。

三、母线差动保护的抗 TA 饱和措施

影响母线差动保护动作正确性的关键是 TA 饱和的问题。在 TA 饱和不是非常严重时，比率制动特性可以保证母线差动保护不误动作；但在 TA 进入深度饱和时，此方法仍不能避免保护误动，需要采用其他专门的抗 TA 饱和的方法。在传统的母线差动保护中采用在差动回路中串入阻抗的措施，根据阻抗的大小可分为中阻抗方式和高阻抗方式，其中以中阻抗母线差动保护应用较为广泛。如 RADSS 母线差动保护就是基于中阻抗保护方案。在微机母线保护中广泛采用了同步识别法、波形对称原理、谐波制动原理等来解决 TA 饱和的问题。

1. 传统母线差动保护在差动回路接入阻抗的方法

在母线发生外部短路时，假设母线上连接有 n 条支路，第 n 条支路为故障支路，若电流互感器无测量误差，则母线外部短路时母线差动保护的等效电路如图 6 - 29（a）所示。图中虚线框内为故障支路 TA_n 的等效回路，Z_u 为 TA_n 的励磁阻抗，$Z_{\sigma1}$ 和 $Z_{\sigma2}$ 分别为 TA_n 的一次和二次绕组漏抗，r 为故障支路 TA_n 至差动回路的阻抗（即为二次回路连线阻抗），r_c 为差动回路的低阻抗。当电流互感器没有饱和时，所有非故障支路二次电流之和 $\sum\limits_{i=1}^{n-1} \dot{I}_i'$ 与故障支路二次电流 $\dot{I}_n'$ 大小相等、方向相反，所有非故障支路二次电流都流入故障支路 TA 的二次绕组，此时差动回路电流为零，母线差动保护不动作。

实际情况可能没有这么理想。在母线外部短路时，由于非故障支路电流不是很大，它们的 TA 不易饱和。但是故障支路电流集各电源支路电流之和，可能非常之大，它的 TA 就可能深度饱和，使得相应的励磁阻抗 Z_u 变得很小（极限情况下近似为 0）。这时虽然故障支路一次电流很大，但几乎全部流入励磁支路，二次电流近似为 0。这时差动回路中将流过很大的不平衡电流 $\sum_{i=1}^{n-1} \dot{i}'_i$，完全电流母线差动保护将误动作，如图 6-29（b）所示。

传统的母线差动保护采用在差动回路中串入阻抗的措施来解决 TA 饱和问题，根据阻抗的大小可分为高阻抗方式和中阻抗方式，分别如图 6-29（c）、（d）所示。对于高阻抗母线差动保护，差动回路的阻抗 r_h 约为 $2.5 \sim 7.5\text{k}\Omega$；对于中阻抗方式，差动回路的阻抗 r_m 约为 200Ω。

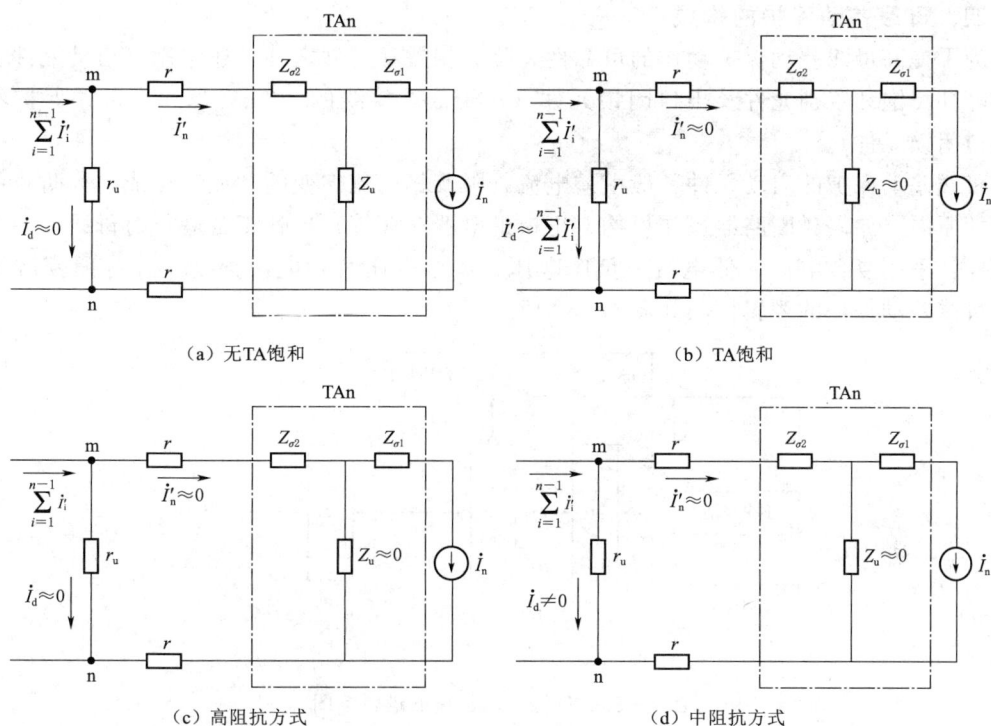

图 6-29 母线外部短路时母线差动保护的等效电路

对于高阻抗型母线差动保护，由于差动回路的内阻 r_h 很高，非故障支路二次电流都流入故障支路 TA_n 的二次绕组，差动回路中电流仍然很小，保护不会动作。而在母线内部短路时所有引出线电流都流入母线，所有支路的二次电流都流向差动回路，保护能够动作，只是此时由于二次回路阻抗大，TA 二次侧可能出现相当高的电压，需要采取保护措施。

对于中阻抗型母线差动保护，当母线外部短路而使故障支路的 TA 严重饱和时，TA_n 二次电流接近于 0，但是由于差动回路有适当的电阻，从其他非故障支路流入的电流不会全部进入差动回路，部分仍会流过第 n 条故障支路的二次回路，此时，保护不应该动作，但是因为差动回路仍然有不平衡电流，所以中阻抗母线差动保护在差动回路接入一定大小的电阻后仍然需要采用比率制动特性保证外部故障可靠不动作。由于差动回路阻抗适中，母线内部短路时二次回路不会出现过高电压，也就不需要采取限制过电压的措施。

2. 微机母线差动保护的 TA 饱和识别方法

微机母线差动保护抗 TA 饱和的方法比较多，这里简单介绍同步识别法。

通常采用差电流增大与相电流突变是否同步来判别差电流的产生是由于区内故障还是由于区外故障 TA 饱和：当两者同时产生时，判定为内部故障；当相电流突变超前差电流增大越限时，则判定为外部故障 TA 饱和。因为母线区外故障时，相电流会发生突变，但是无论故障电流有多大，TA 在故障的最初瞬间（在 1/4 周波内）不会饱和，在饱和之前差电流很小，所以差电流越限滞后于相电流突变。利用这一特点，在判别出母线区外故障 TA 饱和时闭锁母线差动保护。

四、母线差动保护的构成

为了提高母线差动保护动作的可靠性，除分相差动元件之外，还采用了启动元件、区外故障 TA 饱和鉴别元件及出口闭锁元件（对于 3/2 接线的 500kV 母线，母差保护不采用出口闭锁元件）。

母线差动保护的启动元件一般由差电流越限及相电流突变的"或"构成。为防止各种可能的原因（如误碰断路器操作机构、出口继电器损坏等）导致正常运行时母线差动保护误动作，采用复合电压（低电压、负序电压、零序电压及相电压突变）元件闭锁跳闸出口。母线差动保护的逻辑框图如图 6-30 所示。

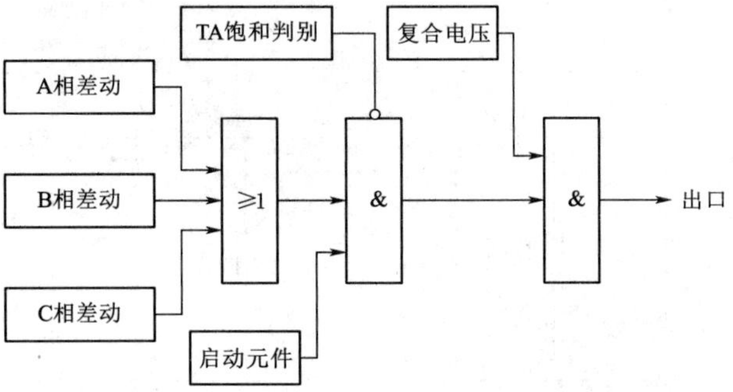

图 6-30 母线差动保护的逻辑框图

母线是电能集中和供应的枢纽，发电厂和变电站的母线是电力系统中的重要组成元件。母线保护的基本原理一般按照差动原理构成，包括母线电流差动保护、电流相位比较式原理等。

习　题

1. 变压器的常见故障和不正常运行状态有哪些？一般的保护配置有什么？

2. 变压器纵联差动保护的不平衡电流一般由哪些原因产生？如何减小？

3. 请简述发电机保护配置原则。

4. 发电机的完全差动保护和变压器差动保护都可以反应匝间短路吗？为什么？

5. 请简述双母线保护的配置方案。

讨　　论

调查现有实际发电厂的发变组保护如何配置，并梳理统计数据，得出有意义结论。

第七章

微 机 保 护

随着电力系统不断地发展，继电保护技术进入了微机继电保护发展时期，微机继电保护是以数字式计算机为基础而构成的继电保护。其硬件以微处理器为核心，配以输入、输出通道，人机接口和通信接口等。随着计算机技术及网络技术的迅速发展，微机继电保护具有比传统继电保护装置更显著的优势，在电力系统中已得到广泛应用。本章就针对微机继电保护进行简单的介绍与分析。

第 48 课   微 机 保 护 硬 件 原 理

一、微机继电保护装置硬件的组成

微机继电保护装置硬件可以分为数据采集系统、CPU 主系统、开关量输入/输出系统、人机接口与通信系统、电源系统等五个基本部分。其系统结构框图如图 7-1 所示。

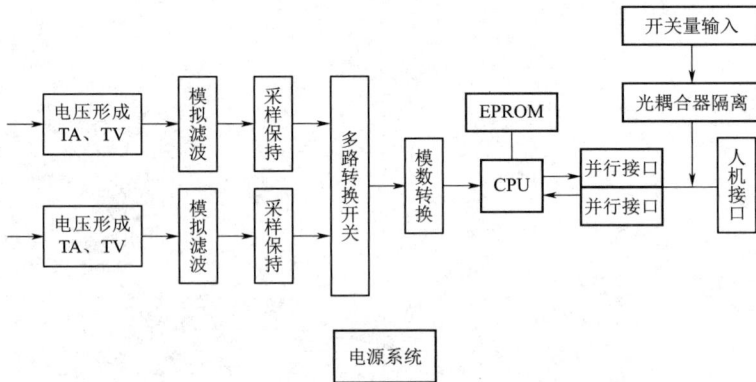

图 7-1 微机继电保护装置硬件系统结构框图

1. 数据采集系统

数据采集系统的作用是将输入至保护装置的电压、电流等模拟量准确的转换成所需的数字量。该部分主要包括电压形成、模拟滤波（ALF）、采样保持（S/H）、多路转换开关（MPX）以及模数（A/D）转换等功能模块。按其模数类型可分为两类：①比较式数据采集系统，主要采用逐次逼近式模数转换器实现数据的转换；②压频转换式数据采集系统，采用 V/F 变换器（VFC）实现数据的转换。

2. CPU 主系统

CPU 主系统包括中央处理器单元（CPU）、只读存储器（一般用 EPROM）、随机存取存储器（RAM）以及定时器等。保护装置工作时，CPU 执行存储放在 EPROM 中的程序，将数据采集系统得到的信息输入至 RAM 区并进行分析处理，以完成各种继电保护的功能。

3. 开关量输入/输出系统

开关量输入/输出系统包括若干个并行接口适配器、光电隔离器件及有接点的中间继电器等。该系统完成各种保护的出口跳闸、信号警报、外部接点输入及人机对话等功能。

4. 人机接口与通信系统

人机接口（human machine interface，HMI）与通信系统由液晶显示器、键盘、打印机及通信芯片等组成，完成装置调试、系统状态显示、定值整定及实现与其他设备通信等功能。

5. 电源系统

微机保护系统对电源要求较高，一般这种电源是逆变电源，即将直流逆变为交流，再把交流整流为微机系统所需要的直流电源。通过逆变后的直流电源具有极强的抗干扰水平。高电源系统提供整个装置所需要的直流稳压电源，对来自变电站中的因断路器跳合闸等原因产生的强干扰可以完全消除掉，提高了整个装置的可靠供电性。

二、数据采集系统

数据采集系统是微机继电保护装置中很重要的电路，保护装置的动作速度、测量精度等性能都与该电路密切相关。数据采集系统（或称模拟量输入系统）的功能就是将模拟输入量准确地转换为所需的数字量。按其模数类型可分为两类：①逐次比较式模数转换器（A/D）构成的逐次比较式数据采集系统；②以电压频率变换式模数转换器构成的电压/频率变换式（voltage frequency converter，VFC）数据采集系统。

1. 逐次比较式数据采集系统

逐次比较式数据采集系统主要包括电压形成回路、前置模拟低通滤波器、采样保持电路、多路转换开关和模数转换器等模块，如图 7-2 所示。

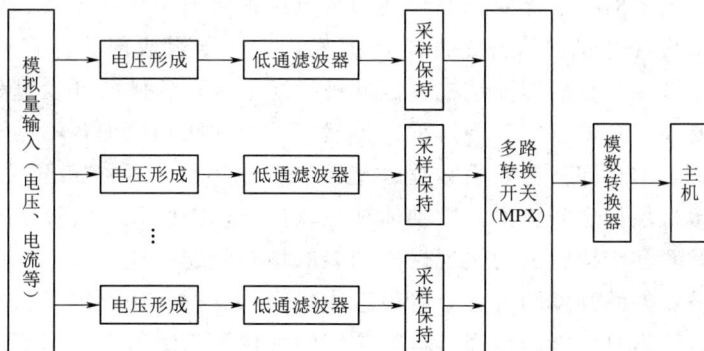

图 7-2　逐次比较式数据采集系统结构图

2. 电压/频率变换式数据采集系统

电压/频率变换式（VFC）数据采集系统主要包括电压形成、VFC 回路、计数器等模块，如图 7 - 3 所示。

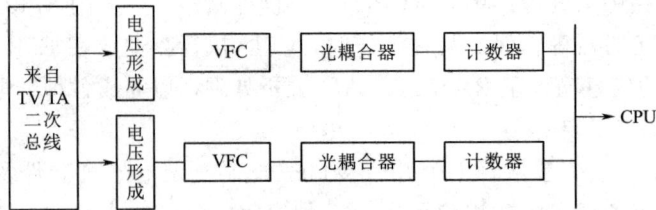

图 7 - 3　VFC 型数据采集系统示意图

　　一个基本的 CPU 主系统包括 CPU、存储器、晶振电路、复位电路、定时器、I/O 接口等。CPU 负责执行程序存储器中的程序，对数据采集系统输入到数据存储器的原始数据进行分析处理，完成继电保护的测量、逻辑和控制功能。CPU 是计算机系统自动工作的指挥中枢，计算机程序的运行依靠 CPU 来实现。CPU 包括通用运算器和控制器。存储器包括数据存储器和程序存储器，存储器主要用来存放数据和程序。存储器可以是片内集成的，也可以是片外扩展的，根据程序数量的大小可以选取多片存储器。I/O 接口（输入/输出接口）用于计算机 CPU 和外部设备联系的通道。在实际应用中，微机保护装置分单 CPU 的结构方式和多 CPU 的结构方式。在中、低压保护装置中多采用单 CPU 结构方式，而在高压及超高压复杂保护装置中广泛采用多 CPU 的结构方式。

> 　　微机继电保护装置的硬件基本结构可分为数据采集系统、CPU 主系统、开关量输入/输出系统、人机接口与通信系统、电源系统等五个基本部分。微机继电保护装置的实现需要选择合理的继电保护原理、数字滤波和算法，设计可靠的硬件电路等。

第49课　微机保护软件原理

　　微机继电保护装置的实现需要选择合理的继电保护原理、数字滤波和算法，设计可靠的硬件电路等。微机继电保护软件是微机保护装置的主要组成部分，它涉及继电保护原理、算法、数字滤波及计算机程序结构，因此微机继电保护软件的开发过程则是对继电保护的原理、数字滤波以及算法的实现过程。虽然保护的功能和原理各不相同，但是微机保护装置的硬件原理基本相同，主要由数据采集系统、微型机主系统和开关量输入/输出回路组成。不同的微机保护之间主要的区别体现在软件上，因此如何将算法与程序结合，且合理安排程序的配置和结构就成为实现保护功能的核心问题。

　　微机继电保护软件的开发则由五个阶段组成：需求分析、功能定义、软件设计、软件代码编写和测试。微型机功能的增强、运算速度的加快和高级语言的灵活运用，要求微机保护的软件（尤其是保护逻辑功能）具有良好的继承性、可读性和可维护性，减少保护逻辑功能模块与硬件的相关程度。目前使用的微机保护，包括微机线路保护和微机元件保护，由于其保护功能、产品型号、生产厂家的不同，保护的软件结构与功能各不相同，保护的原理、算法也各不相同。

一、数字滤波器

(一) 数字滤波器简介

数字滤波器是实现滤波过程的一种数字信号处理系统，具有离散时间系统的基本特征。数字滤波器的实现方式有两种，一种是软件实现方式其采用滤波程序和算法完成，另一种是硬件实现方式其滤波器由数字部件连接而成，或由专用数字信号处理器（digital signal processing，DSP）芯片构成。

(二) 数字滤波器的数学模型

数字滤波器具有数字系统的一般特点，因此具有差分方程、传递函数、单位冲击响应、频率特性等数学表示形式。

1. 差分方程

输入信号为 $x(t)$，输出信号为 $y(n)$ 时，数字滤波器差分方程的一般形式为

$$y(n) = \sum_{k=0}^{M} b_k x(n-k) - \sum_{k=1}^{N} a_k y(n-k) \tag{7-1}$$

式中：系数 a_k、b_k 为常数。

2. 传递函数

数字滤波器的传递函数为

$$H(z) = \frac{Y(z)}{X(z)} = \frac{\sum_{k=0}^{M} b_k z^{-k}}{1 + \sum_{k=1}^{N} a_k z^{-k}} \tag{7-2}$$

3. 单位冲激响应

单位冲激响应是数字滤波器最基本的表示方式。它是输入单位冲激时间序列的滤波器输出序列，即

$$h(n) = T[\delta(n)] \tag{7-3}$$

已知数字滤波器的单位冲激响应以后，可以求出在任意输入信号时的数字滤波器输出，即

$$y(n) = \sum_{k=-\infty}^{\infty} x(k)h(n-k) = x(n) * h(n)$$
$$= \sum_{k=-\infty}^{\infty} x(k-n)h(n) = h(n) * x(n) \tag{7-4}$$

4. 频率特性

频率特性是数字滤波器对正弦输入序列的响应，即

$$H(jw) = H(z)\big|_{z=e^{jw}} = |H(jw)| e^{j\varphi(w)} \tag{7-5}$$

(三) 数字滤波器的类型

（1）按频率特性划分，数字滤波器可分为低通、高通、带通和带阻滤波器等。

（2）按冲激响应划分，数字滤波器有以下两种类型：①有线长冲激响应（finite impulse response，FIR）滤波器；②无限长冲激响应（infinite impulse response，IIR）滤波器。两种滤波器在特性和设计方法上差别很大。

（3）按结构特点划分，数字滤波器有以下两种类型：①带有反馈环路的结构的递归

型；②没有反馈回路的结构的非递归型。

FIR 滤波器一般是非递归型滤波器，有时也可含递归型支路，IIR 滤波器只能用递归型结构。

（四）FIR、IIR 滤波器的简单介绍

（1）滤波器传递函数中，若 $a_k=0$，有

$$H(z)=\sum_{k=0}^{M}b_k z^{-k} \tag{7-6}$$

可求得

$$h(n)=\sum_{k=0}^{M}b_k\delta(n-k) \tag{7-7}$$

滤波器单位冲激响应的时间长度是有限的，若序列时间间隔为 T_s，则总的时间长度为 MT_s，因此称之为有限长冲激响应（FIR）滤波器。

FIR 滤波器的差分方程为

$$y(n)=\sum_{k=0}^{M}b_k x(n-k) \tag{7-8}$$

即滤波器的输出只与输入有关，因此，常用非递归（无反馈）型结构实现。

以上运算过程也就是将输入序列的当前输入值 $x(n)$ 与其前 M 个输入值进行加权平均的过程，而加权值就是滤波器的系数。随着运算时间的增加，参与运算的 $M+1$ 个输入值不断移动更新，因此 FIR 滤波器也被称为移动平均（moving average，MA）滤波器。

（2）滤波器传递函数中，若 $a_k\neq0$，最简单的情况有

$$H(z)=\frac{b_0}{1-z^{-1}}=b_0(1+z^{-1}+z^{-2}+\cdots) \tag{7-9}$$

可求得

$$h(n)=\sum_{k=0}^{\infty}b_0\delta(n-k) \tag{7-10}$$

即滤波器单位冲激响应的时间长度是无限的，因此，称之为无限长冲激响应（IIR）滤波器。

IIR 滤波器的差分方程为

$$y(n)=\sum_{k=0}^{M}b_k x(n-k)-\sum_{k=1}^{N}a_k y(n-k) \tag{7-11}$$

即滤波器的输出不但与输入有关，也与过去的输出有关（递归），因此，常用递归（有反馈）型结构实现。

以上运算过程也就是将输入序列的当前输入值 $x(n)$ 及其前 M 个输入值进行加权平均，并将其前 N 个输出值进行自回归（auto regressive，AR）递推计算的过程。IIR 滤波器也被称为自回归移动平均（auto-regression and moving average，ARMA）滤波器。

（五）数字滤波器的主要性能指标

1. 频率特性

频率特性为

$$H(jw) = H(z)\big|_{z=e^{jwT_s}} = |H(jwT_s)|e^{j\varphi(w)} \tag{7-12}$$

式中：$|H(jwT_s)|$ 为滤波器的幅频特性；$\varphi(w)$ 为滤波器的相频特性，$\varphi(w) = \arg[H(jwT_s)]$。

2. 时延与计算量

（1）时间窗。滤波器计算时使用的当前采样值与最早采样值间的时间跨度成为时间窗，记为 T_w。

（2）数据窗。数字信号滤波器每完成一次运算，输出一个采样值，所需要的输入信号采样值的个数，称为数字滤波器的数据窗。用 T_s 表示采样间隔、T_w 表示时间窗，则数据窗 D_w 为

$$D_w = \frac{T_w}{T_s} + 1 \tag{7-13}$$

二、算法

在微机保护装置中，首先对反应被保护设备的电气量模拟量进行采集，然后对这些采集来的数据进行数字滤波，再对这些经过数字滤波的数字信号进行数学运算、逻辑运算，并进行分析判断，最终输出跳闸命令、信号命令或计算结果，以实现各种继电保护功能。这种对采集的数据进行处理、分析、判断以便实现保护功能的方法称为算法。

微机保护的算法分为两大类。第一类是根据输入电气量的若干点采样值通过数学式或方程式计算出保护所反应的量值，然后与给定值进行比较。这一类算法利用了微机能进行数值计算的特点，从而实现许多常规继电保护无法实现的功能，例如微机距离保护，可根据电压和电流的采样值计算出复阻抗的模和幅角或阻抗的电阻和电抗分量，然后同给定的阻抗动区进行比较。第二类，仍以距离保护为例，是直接模仿模拟型距离保护的实现方法，根据动作方程来判断是否在动作区内，而不计算出具体的阻抗值。虽然第二类算法所依循的原理和常规的模拟型保护同出一宗，但由于运用了计算机所特有的数学处理和逻辑运算功能，可以使某些保护的性能有明显的提高。

算法是研究微机继电保护的重点之一。分析和评价各种不同算法的优劣标准是精度和速度。精度就是保护根据输入量判断电力系统故障或不正常运行状态的准确程度。速度则包括两个方面：①算法所要求的数据窗长度（或称采样点数）；②算法运算工作量。研究算法的实质就是研究如何在速度和精度两方面进行权衡。有的快速保护选择的采样点数较少；有的保护不要求很高的计算速度，但对计算精度的要求比较高，因而选择采样点数较多。对算法除了有精度和速度要求之外，还要考虑算法的数字滤波功能。有的算法本身就具有数字滤波功能，而有的算法没有数字滤波功能，没有数字滤波功能的算法则需对其保护装置采样电路部分就要考虑装设模拟滤波器。微机保护的数字滤波功能是用程序实现的，因此不受外部环境的影响，也不存在元件老化和负载阻抗匹配等问题。但模拟滤波器会因自身的元件差异而影响滤波效果，精度较低。

随着电力系统的飞速发展，逐步出现了容量大、电压高、距离长、负荷重、结构复杂的电力网络，因此，需加强对高压输电线路微机保护设计的研究。对于高压输电线路保护来说，宜多采用阶段式保护，包括三段式接地距离保护、三段式相间距离保护、四段式零序方向电流保护等。但针对一些特殊或重要的线路，也要考虑到安装保护的实际需求，而

且各种保护功能可以根据现场的实际情况进行灵活的投退控制。

> 微机继电保护软件是微机保护装置的主要组成部分，它涉及继电保护原理、算法、数字滤波及计算机程序结构，因此微机继电保护软件的开发过程则是对继电保护的原理、数字滤波以及算法的实现过程。

习　　题

1. 微机保护的硬件由哪几部分组成？各部分的作用是什么？

2. 根据 A/D 转换的原理不同，我国微机继电保护采用的数据采集系统有几种？请画出其中一种类型的数据采集系统的示意图。

3. 什么是数字滤波器？数字滤波器都按什么划分？

4. 简述两点乘积算法和导数算法的原理？

讨　　论

请分组调研我国工程应用中微机保护装置的国产化比例，并分析原因与启示。

参 考 文 献

［1］　贺家李．电力系统机电保护原理［M］．3版．北京：中国电力出版社．2010.
［2］　张保会，尹项根．电力系统继电保护［M］．2版．北京：中国电力出版社．2009.
［3］　黄少锋．电力系统继电保护［M］．北京：中国电力出版社．2014.
［4］　杨奇逊．微机继电保护基础［M］．4版．北京：中国电力出版社．2013.
［5］　何仰赞．电力系统分析［M］．3版．武汉：华中科技大学出版社．2003.
［6］　刘万顺．电力系统故障分析［M］．2版．北京：中国电力出版社．1998.
［7］　何瑞文，陈卫，陈少华，等．电力系统继电保护［M］．2版．北京：机械工业出版社．2017.
［8］　Glover J D．Power System Analysis and Design（3rd）［M］．北京：机械工业出版社．2009.